U0208788

萌宠百科

狗狗百科

狗狗品种指南大全

［英］北巡出版社 ◎ 编

张琨 洪薇薇 ◎ 译

甘肃科学技术出版社

图书在版编目（CIP）数据

狗狗百科 / 北巡出版社编 ; 张琨, 洪薇薇译 . --
兰州 : 甘肃科学技术出版社, 2019.12
ISBN 978-7-5424-2733-5

Ⅰ. ①狗… Ⅱ. ①北… ②张… ③洪… Ⅲ. ①犬—饲
养管理 Ⅳ. ① S829.2

中国版本图书馆 CIP 数据核字（2020）第 013326 号

狗狗百科

［英］北巡出版社 编
张琨 洪薇薇 译

责任编辑 左文绚

出 版 甘肃科学技术出版社
社 址 兰州市读者大道 568 号 730030
网 址 www.gskejipress.com
电 话 0931-8773023（编辑部） 0931-8773237（发行部）
京东官方旗舰店 https://mall.jd.com/index-655807.html

发 行 甘肃科学技术出版社 印 刷 凯德印刷（天津）有限公司
开 本 889mm×1194mm 1/16 印 张 8 字 数 110 千
版 次 2020 年 9 月第 1 版 2020 年 9 月第 1 次印刷
书 号 ISBN 978-7-5424-2733-5
定 价 88.00 元

目录

概　况

狗……无论我们是爱它们，还是讨厌它们，都不能忽视它们。自古以来，它们就和猫一样，作为人类的宠物生活。狗的品种众多，你会惊讶于世界上有如此多种类的狗狗，而自己却知之甚少。狗狗以忠诚、爱心和奉献精神闻名，它们也以自己独特和富有感染力的方式，展示出无畏、固执、顽皮和甜美的一面。最重要的是，正如美国政治家乔治·格雷厄姆·维斯特在 1870 年的一次演讲中所描述的，狗作为“人类最好的朋友”，令我们的生活变得更美好。

狗属于哪个家族?

虽然有很多关于家养狗狗起源的民间故事和理论，但它们实际上是野生灰狼的后代。几千年来，人类有选择地对驯服的狼进行养殖，用于不同的领域，直到它们进化成狗。这个被称为“人工选择”的过程，已经进行了 15 000 年。

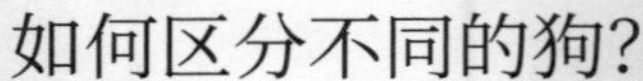

如何区分不同的狗?

世界上成百上千品种的狗，我们如何识别它们呢？在这本书中，你会了解关于狗的身体特征、脾气秉性、某些古怪的真相，以及狗的颜色、产地、每窝能生几只小狗等所有你需要知道的信息。在狗狗们的分类的基础上，你会找到全球不同品种狗的丰富资料。这将帮助您辨别每只狗属于哪个群体，并丰富您关于狗的知识。

狗是做什么用的?

并非所有的狗都是宠物。有些狗是用来工作的，比如秋田犬。有些狗被培育成伴侣犬，或者去帮助那些经历过事故或创伤的人，如克罗福兰德犬。许多狗被用于捕猎或寻回野兔、狐狸和鸟等动物。一些狗被培育成玩赏犬，并被视为珍贵的财产，如小吉娃娃犬。

高加索牧羊犬

高加索牧羊犬在格鲁吉亚、亚美尼亚和俄罗斯南部非常受欢迎。20 世纪 30 年代，它们首次在德国亮相。

描述：这种犬有强壮的骨骼和肌肉。它们分两种类型：山地型和平原型。与山地犬相比，平原犬的毛更短，看起来身材更高。

性情：它们非常自信、勇敢、警觉、强壮，能够防止陌生人靠近。

有趣的事实

高加索牧羊犬自古就存在，但直至 20 世纪 30 年代，它们才首次在德国亮相。

统计

来源地：格鲁吉亚、亚美尼亚、阿塞拜疆、俄罗斯。
身高：64~71 厘米。
体重：45~70 千克。
寿命：10~11 年（70~77 犬龄）。
历史：和其他东方的牧羊犬一样，高加索牧羊犬已经存在很长时间了。
用途：最初被用于羊群护卫犬。
毛色：灰色带白色斑点，黑色和棕色。
每窝产崽数：3~10 只幼犬。

艾迪犬

众所周知，艾迪犬是很好的猎手。它们有敏锐的嗅觉，为了狩猎，艾迪犬经常与斯卢夫猎犬配对。艾迪犬又叫柏柏尔犬。

描述：这种犬身材苗条，肌肉发达，头部大小与身体成比例。它们有羽毛状的重尾巴。

性情：它们精力非常充沛。因为有本能的保护意识，这是一种很好的看家犬。艾迪犬动作非常敏捷，随时准备行动。

统计

来源地：摩洛哥。
身高：51~64 厘米。
体重：23~25 千克。
寿命：10~12 年（70~84 犬龄）。
历史：艾迪犬原产于摩洛哥。
用途：是被用来保护绵羊和山羊的护卫犬。
毛色：有黑色、棕色、紫貂色、棕色带斑纹和白色等各种组合。
每窝产崽数：3~7 只幼犬。

有趣的事实

艾迪犬来自摩洛哥的阿特拉斯山区，有可能起源于撒哈拉沙漠。

阿彭策尔希恩猎犬

阿彭泽勒希恩猎犬是在瑞士阿尔卑斯山附近发现的四个犬种之一，有人认为它们是罗马人留下的牛犬的后代。

描述：这是一种中型山地犬，身材结实。外表很有特点，耳朵从脸颊垂下来，成为面孔的一部分。

性情：就像所有的肌肉发达、性格活跃的工作犬一样，这种犬必须经过很好的社会化训练。它们是一种非常活泼且精力充沛的犬。

有趣的事实

希恩猎犬这个名字来自于瑞士阿尔卑斯山的牧民希恩。

统计

来源地：瑞士。
身高：56~59 厘米。
体重：22~32 千克。
寿命：12~13 年（84~91 犬龄）。
历史：关于这个品种的起源有两种说法——有人认为它们是来自阿彭策尔山脉的古老犬种，而另一些人认为它们是由罗马人带到瑞士的。
用途：羊群护卫犬。
毛色：主要颜色包括黑色、棕色和白色。
每窝产崽数：4~8 只幼犬。

统计

来源地：德国。
身高：56~66 厘米。
体重：30~40 千克。
寿命：10~13 年（70~91 犬龄）。
历史：该品种起源于 1899 年，是由现在被称为古代德国牧羊犬的工作犬繁殖而成的。
用途：原本用来牧羊和保护羊群，现在也被警方和军方使用。
毛色：最常见的是黑色、蓝色、白色和棕褐色。
每窝产崽数：5~10 只幼犬。

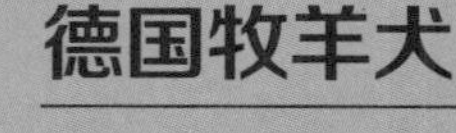

德国牧羊犬

在德国，马克斯·冯·斯蒂芬尼茨上尉和其他饲养员用威登堡州、图林根州、巴伐利亚州的长毛、短毛和硬毛农场犬，培育出了这种外貌英俊、服从性好的德国牧羊犬。

描述：它们身材很好，看起来很结实。德牧有着细长的身体和坚实的骨骼结构。它们眼睛是杏仁形的，但不会向外突出。尾巴上的皮毛浓密，休息时尾巴会垂下来。

性情：它们通常被用作工作犬。人人都知道德国牧羊犬的性格英勇无畏，大胆而忠诚，它们会毫不犹豫地为主人牺牲生命。它们喜欢接近家人，对陌生人却很警惕。

有趣的事实

德国牧羊犬性格忠诚，有保护的天性，这使它们成为所有犬种中最受欢迎的品种之一。

阿克巴什犬

阿克巴什犬是一种来自土耳其西部的犬，它们的名字在土耳其语中的意思是“白头”。

描述：阿克巴什犬除了其特有的白色皮毛，还是一种大型犬，它们有着大长腿、成比例的大脑袋和松软的三角形耳朵。

性情：这种犬以往被用作家畜和人的护卫犬。从小时候对它们加以训练，它们就会非常忠于主人。

有趣的事实

阿克巴什犬是在大约 3 000 年前繁殖出的犬种，白色皮毛能防止它们与野生掠食者特别是与狼相混淆。

统计

来源地：土耳其。
身高：71~81 厘米。
体重：40~59 千克。
寿命：10~11 年（70~77 犬龄）。
历史：在史前时期繁殖。
用途：保护牲畜抵御野生掠食者。
毛色：均匀的白色。
每窝产崽数：7~9 只幼犬。

安纳托利亚牧羊犬

这一品种也被称为卡拉巴什，土耳其语的意思是“黑头”，以与阿克巴什犬相区别。

描述：它们体形庞大，肌肉发达，皮毛浓密，其中某些身体特征显示出它们是从狼进化而来的。

性情：这种犬聪明自信，容易被训练。它们能在没有牧人的帮助下保护牲畜。

统计

来源地：土耳其（安纳托利亚）。
身高：78~81 厘米。
体重：50~64 千克。
寿命：12~15 年（84~105 犬龄）。
历史：起源于史前的狼。
用途：保护牧群。
毛色：和狼一样，它们身体下部为浅色，上部为深色。
每窝产崽数：7~9 只幼犬。

有趣的事实

安纳托利亚牧羊犬大概已经存在了 6 000 年。最初，在古代战争中它们可能被用作攻击犬。

斯洛伐克库瓦克犬

斯洛伐克库瓦克犬是一种山地犬，被用作牲畜的护卫犬。它们是牧羊人的好伙伴，也是牛群的好卫士。

描述：这是一种耐寒的犬。身体结实，皮毛蓬松，颜色主要为白色。白色的皮毛有助于牧羊人在夜间把它们和其他动物相区别，如狼。

性情：它们是一种活泼而机警的犬种。这种犬很勇敢，也很警觉，对孩子也很好，对他们具有保护欲。

有趣的事实

安东尼·赫鲁扎博士与布尔诺兽医学院合作，通过修复该犬种的特征，保存了这个品种。

统计

来源地：斯洛伐克。
身高：50~71 厘米。
体重：30~45 千克。
寿命：11~13 年（77~91 犬龄）。
历史：原产于斯洛伐克的山区，直到 1969 年才得到国际承认。
用途：被用作牲畜护卫犬和看家犬。
毛色：白色。
每窝产崽数：7~10 只幼犬。

马瑞玛牧羊犬

马瑞玛牧羊犬是一种经典牧羊犬。它们可能是 2 000 多年前遍布整个欧洲东部大白牧羊犬的后代。

描述：马瑞玛牧羊犬是一种外形独特的犬，它们身材匀称，体形庞大。它们的下颌强壮有力，咬东西时如剪刀一般。

性情：众所周知，这是一种非常友好的犬，是情绪稳定的羊群护卫犬。它们性格忠诚而勇敢，是优秀的护卫犬。

有趣的事实

罗马作家克罗内拉将马瑞玛牧羊犬描述为，公元 1 世纪抵御攻击羊群的狼的优秀护卫犬。

统计

来源地：意大利。
身高：60~73 厘米。
体重：30~45 千克。
寿命：11~13 年（77~91 犬龄）。
历史：原产于意大利中部。
用途：在意大利被牧羊人用来看护羊群。
毛色：最常见的是全身白色。
每窝产崽数：6~10 只幼犬。

米利泰克犬

米利泰克犬来自罗马尼亚的喀尔巴阡山脉。这种犬厚实而蓬松的皮毛使它们看起来很像一只泰迪熊。

描述：它们身材结实，有着庞大的身体和大脑袋。它们的耳朵不是很大，呈三角形长在头顶上。

性情：它们高度自律，以机警和情绪稳定而闻名。这是值得信赖的护卫犬，也是很好的宠物。

统计

来源地：罗马尼亚。
身高：64~74 厘米。
体重：45~68 千克。
寿命：12~14 年（84~98 犬龄）。
历史：这种大型牧羊犬原产于罗马尼亚的喀尔巴阡山脉。
用途：被用于保护绵羊。
毛色：虽然大多数是白色的，也有淡奶油色或浅灰色。有时身上会有对比色块。
每窝产崽数：4~12 只幼犬。

有趣的事实

由于米利泰克牧羊犬具有护卫的本能，已经被喀尔巴阡山的牧民使用了几个世纪。

牧迪犬

牧迪犬是非常新的犬种，以其多用途特质而闻名。它们只存在了大约 100 年。

描述：这是一种中等大小的犬，有尖尖的鼻子和椭圆形的深棕色眼睛。皮毛大约 5 厘米长，光泽呈波浪状。

性情：这是一种多用途的犬，非常多才多艺。由于对与自己关系密切的人充满感情，这种犬可以成为很好的护卫犬。

有趣的事实

牧迪犬被用于护卫由多达 500 只羊组成的羊群。

统计

来源地：匈牙利。
身高：30~51 厘米。
体重：8~14 千克。
寿命：13~14 年（91~98 犬龄）。
历史：来自匈牙利的一种比较新且罕见的牧羊犬。
用途：用途广泛的犬。
毛色：毛色包括黑色、白色、红色、棕色和灰色。
每窝产崽数：5~10 只幼犬。

萨普兰尼那克犬

对于萨普兰尼那克犬的确切起源尚不清楚，但据说它们的祖先是来自希腊的古代獒犬和来自土耳其的护卫犬。这种犬的身长中等，有着粗糙或光滑的耐候性皮毛，非常适合户外生活。它们身体强壮、肌肉发达，能在户外舒适地睡觉。

描述：它们皮毛大约有 10 厘米长，身材中等，尾巴轻微弯曲。它们有杏仁形的黑眼睛，这使它们的表情专注而敏锐。

性情：这种犬是为工作而生的，非常好动。这是一种聪明的狗，会谨慎地选择朋友，并不会完全相信任何人。它们并不亲近主人，但由于它们的警惕性，能很好地起到看家犬的作用。这种犬在很小的时候就需要进行社会化驯服，否则会不合群。

有趣的事实

萨普兰尼那克犬的外文名 šarplaninac，发音是“shar-pla-nee-natz”，源于一个曾经被称为伊利里亚的地区，主要位于现在的马其顿。

统计

来源地：塞尔维亚、马其顿。
身高：56~61 厘米。
体重：25~40 千克。
寿命：约 11~13 年（77~91 犬龄）。
历史：人们相信它们的祖先是古希腊的獒犬，或者是土耳其的家畜护卫犬。
用途：它们被用作护卫犬。
毛色：常见的为灰色和黑貂色。
每窝产崽数：5~7 只幼犬。

喀斯特牧羊犬

喀斯特牧羊犬是一种古老的犬种，来自斯洛文尼亚西南部和意大利东北部的喀斯特高原地区。

描述：这是一种体形中等、身体健壮的犬。它们皮毛蓬松，能在高海拔地区生活。它们被用来保护牲畜不受狼的侵害。

性情：喀斯特牧羊犬抗拒被驯服，但一旦接受训练，就会变得顺从和忠诚，并且非常擅长独自工作。

统计

来源地：斯洛文尼亚、意大利。
身高：56~64 厘米。
体重：26~40 千克。
寿命：11~12 年（77~84 犬龄）。
历史：中世纪的斯洛文尼亚犬种。
用途：山地家畜护卫犬。
毛色：灰色和棕色。
每窝产崽数：5~7 只幼犬。

有趣的事实

1689 年，斯洛文尼亚学者亚内兹·沃伊卡尔德·瓦尔瓦索在他的著作《卡尼奥拉公爵领地的荣耀》中首次提到了喀斯特牧羊犬。

统计

来源地：比利时。
身高：56~66 厘米。
体重：20~30 千克。
寿命：12~14 年（84~98 犬龄）。
历史：起源于比利时的牧羊犬。
用途：用作牧羊犬。
毛色：皮毛为棕色和白色分布。
每窝产崽数：6~10 只幼犬。

比利时牧羊犬（拉坎诺斯种）

拉坎诺斯犬最初在皇家拉肯城堡被用作牧羊犬。它们被认为是最古老和最罕见的比利时牧羊犬之一。

描述：像所有比利时牧羊犬一样，拉坎诺斯犬体形中等大小，肌肉发达，身材结实。毛茸茸的外表和粗糙的皮毛使它们看起来就像穿了一件粗花呢外套。

性情：它们非常聪明，学习速度快，很容易被训练。只要社会化驯服完成得好，它们对儿童和其他宠物都很好。它们对主人和家庭成员也极为忠诚。

有趣的事实

拉坎诺斯犬是四种比利时牧羊犬中最为稀有的一种。

澳大利亚牧牛犬

澳大利亚牧牛犬是19世纪的犬种，由澳大利亚的饲养员培育出来，用于放牧牛群。它们工作勤劳，不屈不挠，有很好的耐力，是人类户外生活、追逐并围捕走失的牲畜所必需的犬种。

描述：它们肌肉发达，力量大，行动敏捷。它们的头很大，头型有点圆。

性情：它们对陌生人冷淡，却能捍卫与自己有关的财产和人，显示出极大的忠诚度。众所周知，它们非常坚定而固执，一旦喜欢上某个人，就会成为那个人一生的朋友。它们有很强的保护和警惕性，这使它们成为一种优秀的看家犬。

有趣的事实

1893年，一个名叫罗伯特·卡列斯基的人起草了这一犬种的标准，并最终于1903年在澳大利亚获得批准。

统计

来源地：澳大利亚。
身高：43~51厘米。
体重：15~23千克。
寿命：12~15年（84~105犬龄）。
历史：起源于澳大利亚，被用来驱使牛长途跋涉。
用途：用于牧牛。
毛色：红色、白色、蓝黑色。
每窝产崽数：1~7只幼犬。

比利时牧羊犬（格罗安达种）

格罗安达犬是18世纪比利时农场生活的重要成员，它们是比利时牧羊犬的四个品种之一。比利时牧羊犬的四个品种来源相同。

描述：它们身材匀称，形态优雅，吃苦耐劳。它们的头骨是扁平的而不是圆形的，鼻子尖尖，大小适中。

性情：它们聪明、机警、细心、警惕、认真，服从性好。虽然看起来有点冷漠，但它们既不胆怯懦弱，也不咄咄逼人。

统计

来源地：比利时。
身高：56~66厘米。
体重：20~30千克。
寿命：约13~14年（91~98犬龄）。
历史：以比利时格罗安达村的名字命名。
用途：被用于放牧和追踪。
毛色：皮毛主要为黑色，或全黑或带有少量白色。
每窝产崽数：6~10只幼犬。

有趣的事实

格罗安达犬活跃而顽皮，喜欢四处追逐玩耍。

澳大利亚牧羊犬

虽然澳大利亚牧羊犬的名字暗示了其澳大利亚血统，但这个犬种实际上是在美国培育的。它们最初来自西班牙巴斯克地区，19 世纪晚期跟着牧羊人先到了美国，然后到了澳大利亚。

描述：它们身材中等大小，外表粗犷。它们身体强健，身材匀称。三角形的耳朵位于头顶的高处，耳尖是圆形的。它们的尾巴自然下垂。

性情：它们性格温和。生性勇敢，这使澳大利亚牧羊犬能成为合适的看家犬。它们贪玩，而且非常活跃，对孩子也很好，具有天然的保护本能，是忠诚的伴侣犬。因为这种犬很聪明，所以很容易被训练。

有趣的事实

“鬼眼狗”，是早期人们经常给澳大利亚牧羊犬起的外号。

统计

来源地：美国。
身高：46~58 厘米。
体重：18~30 千克。
寿命：12~15 年（84~105 犬龄）。
历史：这是一种在美国西部牧场上培育的牧羊犬。
用途：用作牧羊犬。
毛色：三色（黑色、红色、白色），双色（黑色和红色、蓝色和陨石色、红色和陨石色）。
每窝产崽数：6~8 只幼犬。

比利时牧羊犬（特弗伦种）

特弗伦犬是比利时牧羊犬的一种。它们与野狼的关系并不远，而所有家养犬都是从野狼进化而来的。

描述：像所有比利时牧羊犬一样，特弗伦犬身材中等大小，身高和体长就像一个等比正方形。它们有厚厚的双层皮毛，脸上好像带着黑色的面具，很容易被识别出来。

性情：它们以忠诚闻名，与所在家庭有着非常牢固的联系。但它们对陌生人很害羞。

统计

来源地：比利时。
身高：56~66 厘米。
体重：20~30 千克。
寿命：12~14 年（84~98 犬龄）。
历史：以比利时特弗伦村的名字而命名。
用途：用于跟踪和放牧。
毛色：皮毛通常是不同程度的黑色，也可能是黑貂色或灰色。
每窝产崽数：6~10 只幼犬。

有趣的事实

当你和特弗伦犬说话时，实际上你能看出它在听。

贝加马斯卡牧羊犬

贝加马斯卡牧羊犬以聪明勇敢而闻名。它们身体强健，身材匀称，骨架结实，外表粗犷。

描述：它们中等大小，外表如毛毡一般看起来很不寻常，但对犬类来说却自然而健康。它们有三种不同的皮毛相互垫在一起。

性情：这种犬性格坚强勇敢。最显著的特点就是它们的智慧。它们也是个性平和的犬种。

有趣的事实

贝加马斯卡牧羊犬的皮毛并非生来就如毡子一般，而是短而光滑的，随着它们的成长，被毛会发生变化。

统计

来源地：意大利。
身高：54~63 厘米。
体重：26~38 千克。
寿命：13~15 年（91~105 犬龄）。
历史：起源可以追溯到 2 000 年前意大利阿尔卑斯山附近的贝加莫城。
用途：最初被用作放牧犬。
毛色：可以是任何颜色，从灰色、银灰色到炭黑混合色，也可能混杂棕色阴影块。
每窝产崽数：7~9 只幼犬。

比利时牧羊犬（马利诺斯种）

马利诺斯犬是 20 世纪从比利时牧羊犬的品种中繁殖出来的。许多犬类专家都称它们为“方形的”狗，因为它们的身体长度几乎和高度一样。

描述：它们肌肉发达，身体强壮，看起来非常结实，但并不笨重。

性情：由于性格敏感，它们总能知道主人这一天过得是好是坏，并做出相应的反应。

统计

来源地：比利时。
身高：56~66 厘米。
体重：20~30 千克。
寿命：12~14 年（84~98 犬龄）。
历史：起源于比利时，以马利尼斯市的名字命名。
用途：常被用作警犬。
毛色：这种犬有短短的浅黄褐色、红色或桃木色的皮毛，并覆有黑色。
每窝产崽数：6~10 只幼犬。

有趣的事实

以色列国防军的一个分队用马利诺斯犬当警犬，这件事很出名。

伯格皮卡第犬

伯格皮卡第犬是一种法国牧羊犬，在两次世界大战后几乎灭绝，至今仍是稀有品种。

描述：它们肌肉发达，中等大小，皮毛显得有些散乱，但不失优雅。它们的皮毛能防风挡雨，摸起来又硬又脆，有点像雨衣的感觉。

性情：它们活泼聪明，很容易被训练。众所周知，这种犬精力充沛、忠诚，对待孩子时脾气非常好。由于生来具有保护性，它们被用作非常有效的警犬。

有趣的事实

伯格皮卡第犬在狗展上很受欢迎，因为它们很容易被训练，而且服从命令。

统计

来源地：法国。
身高：53~66 厘米。
体重：23~32 千克。
寿命：13~14 年（91~98 犬龄）。
历史：公元 9 世纪，法兰克人把这种牧羊犬带到法国北部和加来海峡。
用途：最初被用来牧羊。
毛色：主要有两种颜色——黄褐色和灰色，颜色有各种深浅变化。
每窝产崽数：5~7 只幼犬。

伯杰瑞士布兰科犬

伯杰瑞士布兰科犬来自瑞士，它们与另外两个犬种白色牧羊犬和德国牧羊犬有相同的起源。

描述：在外貌上伯杰瑞士布兰科犬与德国牧羊犬很相似，但区别在于毛皮颜色。

性情：它们很聪明，很容易被训练出来。它们有着温柔的天性，倾向于提防陌生人，但对家人却是忠诚的。它们一点也不害羞或胆小。

统计

来源地：瑞士。
身高：56~66 厘米。
体重：25~40 千克。
寿命：10~12 年（70~84 犬龄）。
历史：美国第一家白色牧羊犬俱乐部成立于 20 世纪 70 年代。同一时间，这一品种的犬也在欧洲出现了。
用途：被用作保护犬。
毛色：理想的皮毛颜色是纯白色，但从淡奶油色到淡棕褐色的颜色也是可以接受的。
每窝产崽数：7~9 只幼犬。

有趣的事实

伯杰瑞士布兰科犬通常比德国牧羊犬性情更温和，更成熟。

南俄罗斯牧羊犬

南俄罗斯牧羊犬也被称为乌克兰奥夫查卡犬。人们认为这种犬来自克里米亚地区。

描述：这种犬头部细长，小三角形的耳朵悬垂下来。由于它们的皮毛又长又厚而且粗糙，因此看起来毛茸茸的。

性情：因为这种犬具有统治天性，可能是一种很难管教的犬种。

有趣的事实

养南俄罗斯牧羊犬花费高昂，近年来困难的经济形势下，其数量急剧下降。

统计

来源地：乌克兰、俄罗斯。
身高：62~76 厘米。
体重：49~50 千克。
寿命：9~11 年（63~77 犬龄）。
历史：关于这种犬的起源尚不清楚，但有人认为它们是在克里米亚培育出来的。
用途：用于放牧。
毛色：白色、黄色、稻草色和灰色。
每窝产崽数：5~10 只幼犬。

迦南犬

迦南犬起源于20世纪30年代的迦南地区。阿拉伯贝都因人至今仍然用这种犬来守卫帐篷和营地，以及放牧牲畜。

描述：它们身体强壮，身材方正。外层皮毛有点粗糙和刚硬，而内层皮毛却又软又直。

性情：这不仅是优秀的牧羊犬，而且服从性和跟踪能力也是众所周知的。它们的性格温柔体贴，对家庭也很忠诚。

有趣的事实

在公元前2200年的古墓中，人们发现了一些类似迦南犬的画像。

统计

来源地：以色列。
身高：50~60厘米。
体重：18~25千克。
寿命：12~15年（84~105犬龄）。
历史：起源于20世纪30年代的迦南。
用途：常被用于护卫和放牧，也被用来探测地雷。
毛色：黑色、棕褐色、棕色、沙质棕色、红色，有时混有白色。
每窝产崽数：4~6只幼犬。

兰开夏赫勒犬

据说兰开夏赫勒犬起源于威尔士柯基犬和当地的曼彻斯特㹴。兰开夏赫勒犬是一种黑色和棕色相间的犬，所做的工作与柯基犬相同，就是通过啃咬牲畜的脚后跟来驱赶它们。

描述：它们体形中等，身长略长于身高，耳尖直立。

性情：这种犬友好，精力充沛，活泼聪明，容易被训练。

统计

来源地：英国。
身高：25~30厘米。
体重：3~6千克。
寿命：12~15年（84~105犬龄）。
历史：确切繁殖历史尚不清楚。威尔士柯基犬和曼彻斯特㹴可能是它们的祖先。
用途：最初被用来放牧和驱赶牛群。
毛色：黑色、棕褐色和肝色。
每窝产崽数：2~5只幼犬。

有趣的事实

英国养犬俱乐部将这一品种列为易受伤害的犬种。

捷克斯洛伐克狼犬

捷克斯洛伐克狼犬兼有狼和狗的优点。1982年，这种犬在捷克斯洛伐克获得了品种认可。

描述：这是相对较新的品种。因为外表长得像狼，所以无论出现在哪里，都会成为人们关注的焦点。它们拥有又直又浓密的皮毛。

性情：众所周知，捷克斯洛伐克狼犬的性格非常活跃，而且有耐力，不会随便吠叫或攻击。它们无畏而勇敢，对主人表现出极大的忠诚。

有趣的事实

捷克斯洛伐克狼犬是一个非常新的品种，其历史可以追溯到20世纪50年代，1982年首次被承认。

统计

来源地：捷克。
身高：61~66厘米。
体重：20~26千克。
寿命：12~16年（84~113犬龄）。
历史：是德国牧羊犬和喀尔巴阡山狼杂交的结果，最初是为了协助边境巡逻而培育的。
毛色：银灰色或黄灰色，带有典型的白色“面具”。
每窝产崽数：4~8只幼犬。

荷兰牧羊犬

荷兰牧羊犬和比利时牧羊犬被认为是同一品种，但它们有轻微的颜色差异。

描述：荷兰牧羊犬体形中等，身材比例适中，按毛分为长毛、短毛和硬毛三个品种。

性情：这是所有牧羊犬中能力最强的，它们以具备服从性和有竞争力的精神而闻名。荷兰牧羊犬感情充沛、性格乐观，是一种很适合家庭和孩子的品种。

有趣的事实

荷兰牧羊犬已经成为受欢迎的导盲犬、警犬和追踪犬。

统计

来源地：荷兰。
身高：56~63 厘米。
体重：29~30 千克。
寿命：12~14 年（84~98 犬龄）。
历史：来自荷兰，目前的品种来自一种吃苦耐劳并具备多种技能的工作犬。
用途：现用作警务和搜救的工作犬。
毛色：毛色包括灰色、黄色、银色、红色、金斑纹色和蓝色。
每窝产崽数：8~12 只幼犬。

英国牧羊犬

早期被英格兰和苏格兰移民带到美国的农场犬与具有柯基犬血统的狗杂交，培育出了这种犬。

描述：它们身材匀称。根据狗狗来自于哪个地区，可以注意到它们体形上的不同。英国牧羊犬的皮毛有直的、波浪形的或卷曲的。

性情：它们以优越的智力闻名。众所周知，英国牧羊犬对那些被指派保护的人非常忠诚友善，这其中可能包括人类和其他动物。

统计

来源地：美国中西部和东部。
身高：46~58 厘米。
体重：18~27 千克。
寿命：12~16 年（84~113 犬龄）。
历史：英国农场工作犬的后代。
用途：最初被用作农场犬。
毛色：黑貂色和白色（颜色清晰并带有阴影），三色，黑色和白色，黑色和褐色。
每窝产崽数：7~9 只幼犬。

有趣的事实

英国牧羊犬原本非常普通，直至 19 世纪，人们才开始流行将血统复杂的犬作为宠物。

芬兰拉普猎犬

芬兰拉普猎犬原产于芬兰，用于放牧，但现在它们已成为一种受欢迎的宠物犬和伴侣犬。

描述：它们体形中等大小，外层皮毛长而粗糙，内层皮毛柔软而浓密。

性情：这种犬聪明伶俐，会为主人做任何事。它们也非常警觉，这使它们可以成为优秀的看家犬。

有趣的事实

因为天性友好，芬兰拉普猎犬是芬兰最受欢迎的犬种之一。

统计

来源地：芬兰。
身高：40~51 厘米。
体重：15~24 千克。
寿命：12~14 年（84~98 犬龄）。
历史：萨米人把这种犬作为牧羊犬。1945 年之前，挪威人和瑞典人完成了此犬种的标准化。
用途：最早被作为驯鹿的放牧犬而培育。
毛色：可以是任何颜色，但以单色为主。
每窝产崽数：4~6 只幼犬。

古代英国牧羊犬

古代英国牧羊犬是由英格兰西部的农民培育出的犬种。农民们需要一种协调性良好、可以驱赶羊群和牛群的牧羊犬帮他们把牲畜赶去市场，于是这种牧羊犬应运而生。

描述：这种犬身体非常结实、强壮，身材方正。它们的脑袋大大的，鼻子黑黑的。它们蓬松的双层皮毛相当长，纹理硬，内层皮毛柔软且防水。

性情：这是一种天性快乐、性情体贴、对人友好的犬，能够适应不同的环境。

有趣的事实

古代英国牧羊犬的绰号是“短尾狗”。农民为它们截断尾巴以便进行工作犬的认定，这样农民可以得到税收减免。

统计

来源地：英国英格兰。
身高：56~61 厘米。
体重：30~45 千克。
寿命：10~12 年（70~84 犬龄）。
历史：人们对这一犬种的起源所知不多，但它们源自古老的英国牧羊犬种。
用途：用于放牧。
毛色：毛色包括灰色、灰白色、蓝色、蓝灰色、蓝色和陨石色，带白色斑纹的灰色，或带灰色斑纹的白色。
每窝产崽数：7~9 只幼犬。

卡迪根威尔士柯基犬

人们认为这种狩猎犬是同类中最古老的一种。人们用“小小的身体，大大的灵魂”来形容它们。

描述：它们身材矮，身体长。耳朵直立，头部可能会出现火焰的图案，这就是所谓的“爱尔兰图案”。

性情：虽然卡迪根威尔士柯基犬是一种小型犬，但却很爱运动，它们需要大量的运动。因为这种犬很聪明，所以需要精神上的刺激。

统计

来源地：英国威尔士。
身高：25~33 厘米。
体重：11~14 千克。
寿命：12~15 年（84~105 犬龄）。
历史：原产于威尔士，比彭布罗克威尔士柯基犬更古老。
用途：培育这种犬最初是为了放牧和其他的类似农活。
毛色：可以是深浅不一的红色、紫貂色或棕斑纹色，也可以是黑色，有或没有棕褐色斑纹，或者是蓝陨石色，有或没有棕褐色斑点或虎条纹点。
每窝产崽数：5~7 只幼犬。

有趣的事实

卡迪根威尔士柯基犬曾有“英码狗”之称，因为它们从鼻子到尾巴的长度正好是 1 英码。

波密犬

波密犬培育于18世纪，是一种匈牙利牧羊犬。世界犬业联盟于1966年确认了这一品种，但直到20世纪70年代，这一犬种才在匈牙利以外的地方广为人知。

描述：它们最显著的特征就是它们的脸——黑色的小眼睛，口鼻细长，耳朵直立并向前倾。

性情：它们个性机敏，警惕，精力充沛，是很好的家庭伴侣犬。如果进行社会化训练，从小培养，波密犬将对儿童和其他动物都很好。

有趣的事实

匈牙利教授埃米尔·拉伊西特最先描述了波利犬和波密犬之间的区别。

统计

来源地：匈牙利。
身高：41~46厘米。
体重：8~15千克。
寿命：12~13年（84~91犬龄）。
历史：由17世纪和18世纪从德国和法国引进的牧羊犬而培育出来。
用途：被用于很多用途，例如放牧、灭鼠和保护农场等。
毛色：黑色、灰色和红棕色。
每窝产崽数：7~8只幼犬。

新西兰汉特威犬

新西兰汉特威犬被用来驱赶羊群。众所周知，新西兰汉特威犬的叫声深沉而响亮，显得很嘈杂，尤其是在它们工作的时候。

描述：这种犬有各种毛色，皮毛或光滑或粗糙或呈灰白色。它们也有着松软的耳朵。

性情：人们认为新西兰汉特威犬很聪明。它们性情友好，活跃而精力充沛，需要大运动量才会感到满足。

统计

来源地：新西兰。
身高：51~61厘米。
体重：18~29千克。
寿命：12~14年（84~98犬龄）。
历史：这是一个独特的犬种，直到20世纪才在新西兰出现。
用途：被视为实用的工作犬。
毛色：黑色、带有白色或虎斑纹的黑棕相间色。
每窝产崽数：9~11只幼犬。

有趣的事实

在新西兰北岛的一个叫亨特维尔的地方，有一座著名的汉特威犬雕像。

麦克纳布犬

麦克纳布犬是一种牧羊犬，被认为是苏格兰柯利犬或狐狸柯利犬的后代。

描述：这种犬的尾巴可以是短尾巴，也可以是长而窄的尾巴。它们有光滑的短皮毛。

性情：这种犬主要被用于放牧牲畜，但它们也被用来牧马、绵羊和骆驼等动物。麦克纳布犬能被训练得很好，性情通常也很温和。

有趣的事实

19世纪末，亚历山大·麦克纳布和他的家人用从苏格兰带来的牧羊犬培育出了这一品种。

统计

来源地：美国加利福尼亚。
身高：38~63厘米。
体重：16~32千克。
寿命：13~15年（91~105犬龄）
历史：亚历山大·麦克纳布和他的家人从有苏格兰血统的犬中培育出了这种犬。
用途：用于放牧。
毛色：主要为黑色或者红色，带有白色斑点。
每窝产崽数：5~7只幼犬。

统计

来源地：匈牙利。
身高：39~46 厘米。
体重：10~16 千克。
寿命：10~12 年（70~84 犬龄）。
历史：波利犬是一个古老的品种，人们相信几千年前这种犬就与马扎尔人一起穿越了匈牙利平原。
用途：用作牧羊犬和护卫犬。
毛色：黑色、灰色和杏色。
每窝产崽数：4~7 只幼犬。

波利犬

这是一种匈牙利犬，有长长的毛线外套般的皮毛，这也是波利犬最显著的特点。它们卷卷的毛发就像雷鬼烫，毛皮几乎是完全防水的。可蒙犬看起来与这一品种很像，但可蒙犬的体形更大。

描述：它们体形中等，有独特的像绳子一样的皮毛。虽然它们瘦骨嶙峋，但肌肉却相当发达。它们眼睛是杏仁状的，呈深棕色。

性情：它们个性非常活泼和愉快，这使它们成为很好的家庭宠物，可以适应大多数的环境，对主人也非常忠诚。波利犬对主人十分忠诚，再加上它们积极的性格，使它们成为很好的伴侣犬。

有趣的事实

由于视线被毛发遮挡住了，波利犬有时很容易被噪音吓到。

粗毛柯利犬

虽然不能确定柯利犬的确切起源，但人们相信它们是几代勤劳的牧羊犬的后代。

描述：柯利犬体形大，瘦而强壮，脸部轮廓分明。它们外层皮毛直而粗糙，内层皮毛柔软而紧密。

性情：粗毛柯利犬非常聪明，个性敏感，举止得当，易于被训练。

有趣的事实

粗毛柯利犬因其在电影《灵犬莱西》中的角色而闻名，片中的主角就是一只粗毛柯利犬。

统计

来源地：英国苏格兰。
身高：51~61 厘米。
体重：18~30 千克。
寿命：14~16 年（98~112 犬龄）。
历史：这个犬种是在苏格兰培育的。
用途：被用作牧羊犬。
毛色：包括黑貂色、白色、黑色三色、白色和棕褐色，以及白色带黑貂色三色或蓝陨石色花纹。
每窝产崽数：4~6 只幼犬。

比利牛斯牧羊犬

人们用这种犬与比利牛斯山地犬一起保护羊群。这是法国体形最小的牧羊犬。

描述：有两种比利牛斯牧羊犬，分别有皮毛粗糙的和皮毛光滑的。比利牛斯牧羊犬面部表情丰富，看起来很聪明，身材消瘦而健美。

性情：虽然体形小，但比利牛斯牧羊犬的能量和其他牧羊犬相差无几。它们具有很强的适应性，可以胜任该领域的任何工作。它们对主人尽心尽责，忠心耿耿。

统计

来源地：法国。
身高：38~53 厘米。
体重：7~15 千克。
寿命：12~15 年（84~105 犬龄）。
历史：该种犬原产于法国和西班牙边境的比利牛斯山脉。
用途：从中世纪起，就被用于放牧和保护牲畜。
毛色：无论是否有“面具”，它们一般都是浅黄褐色的，但某些情况下也会有变化。
每窝产崽数：5~6 只幼犬。

有趣的事实

第一次世界大战时比利牛斯牧羊犬很出名，当时它们被用作信使犬、搜救犬、观赏犬和公司吉祥物。

小型澳大利亚牧羊犬

人们为了培训小型犬，选择性地培育出了小型澳大利亚牧羊犬。那些喜欢体形小、身材紧凑、工作努力的人选择了这一品种的犬种。

描述：它们的皮毛有直的，也有可能带有轻微的弯曲。它们脖子上有一个褶边，腿后面有羽毛样的皮毛。

性情：这种犬很聪明，容易被训练。它们还需要有趣的活动，需要不断地对它们进行精神刺激。

有趣的事实

很多人认为多丽丝·科尔多瓦的狗斯派克是第一只小型澳大利亚牧羊犬。

统计

来源地：美国。
身高：33~46 厘米。
体重：9~18 千克。
寿命：12~13 年（84~91 犬龄）。
历史：直接由澳大利亚牧羊犬发展而来。
用途：被作为工作犬培育，具有很强的职业道德。
毛色：蓝陨石色、红陨石色、黑色和红色，所有这些颜色的皮毛有或没有铜色，同时有或没有白色镶边。
每窝产崽数：6~8 只幼犬。

细毛柯利犬

细毛柯利犬最早在苏格兰被培育出来，主要被用于放牧。细毛柯利犬的皮毛比粗毛柯利犬的更短。

描述：这是一种大型犬，身长要比身高略长。皮毛由柔软浓密的内层皮毛和又直又粗的外层皮毛组成。

性情：它们通常性格随和，很容易被训练，因为它们相当聪明。细毛柯利犬非常警觉，经过充分训练后会是良好的看家犬。

有趣的事实

细毛柯利犬是对残疾人很有帮助的辅助犬。

统计

来源地：英国苏格兰。
身高：51~61 厘米。
体重：18~30 千克。
寿命：14~16 年（98~112 犬龄）。
历史：人们认为这种犬是由罗马人带到苏格兰的牧羊犬培育而来的。
用途：主要用作牧羊犬。
毛色：有四种颜色，包括紫貂色、三色、蓝陨石色和带有白色的黑貂陨石色。
每窝产崽数：4~6 只幼犬。

萨尔路斯猎狼犬

萨尔路斯猎狼犬是狼和狗的杂交品种。在培育这种犬的过程中，人们的目标是培育出一种能摆脱犬瘟热困扰的犬。

描述：它们体形大，口鼻处很宽。它们的身体强壮，肌肉发达，有狼一样的特征和面部表情。

性情：这种犬保留了狼的一些特征。它们本能地具有很强的集体性，意志力顽强，需要一位统治力强的主人。

统计

来源地：荷兰。
身高：63~76 厘米。
体重：8~11 千克。
寿命：10~12 年（70~84 犬龄）。
历史：1921 年，利安德特·萨尔路斯通过将德国牧羊犬和雌性加拿大木狼进行杂交，培育出这种犬。
用途：它们被用作牧羊犬。
毛色：毛色在黑色、棕褐色、红色、白色、银色或蓝色之间变化。
每窝产崽数：5~7 只幼犬。

有趣的事实

荷兰养犬俱乐部将该品种的名称改为“萨尔路斯猎狼犬”，以纪念该品种的创造者。

斯恰潘道斯犬

与所有本地工作犬一样，斯恰潘道斯犬能很好地适应人、环境和所要从事的工作。我们也能见到这种犬参加飞球这样敏捷的犬运动项目。

描述：它们体形中等大小，全身都有很厚的皮毛。它们的小耳朵耷拉下来，耳朵上覆盖着皮毛。

性情：它们非常有活力，性格友好，这一犬种因天性重感情而闻名。如果从小接受社会化训练，它们可以成为很好的宠物。

有趣的事实

斯恰潘道斯犬最初是由荷兰人托普尔在第一次世界大战期间培育的。

统计

来源地：荷兰。
身高：48~56 厘米。
体重：22~27 千克。
寿命：10~12 年（70~84 犬龄）。
历史：此犬种是荷兰德莱塞省当地的农场犬、牧羊犬的后代。
用途：被用于放牧。
毛色：狼灰色、狼棕色或刺鼠棕色。
每窝产崽数：5~7 只幼犬。

谢德兰牧羊犬

这种犬的其他名字也为人所知，包括喜乐蒂犬和谢德兰柯利犬。人们认为这种犬是混血犬，但对它们的早期历史知之甚少。

描述：它们中等身材，后背呈拱形，肌肉发达。它们的钝形脑袋让它们看起来与众不同。

性情：这是一种活泼快乐，被认为是很聪明的犬。谢德兰牧羊犬乐于学习，很容易被训练。

有趣的事实

我们知道，现代的谢德兰牧羊犬是20世纪初，杰姆斯·罗吉将一只粗毛柯利犬引进后培育出来的。

统计

来源地：英国苏格兰。
身高：33~41厘米。
体重：6~9千克。
寿命：12~15年（84~105犬龄）。
历史：由绒毛型犬谢德兰牧羊犬和工作柯利犬杂交而成。
用途：牧羊犬。
毛色：紫貂色、红褐貂色、淡化貂色及三色。
每窝产崽数：4~6只幼犬。

彭布罗克威尔士柯基犬

彭布罗克威尔士柯基犬起源于彭布罗克郡。它们被认为是非常好的工作犬，有很强的放牧本能，能追咬动物的尾巴，也是很好的看家犬。

描述：它们身材矮小，腿短，耳朵直立。它们看起来强壮、结实，具有运动能力。

性情：这是一种非常聪明的犬。它们能成为宠物，对孩子很非常好。

统计

来源地：英国威尔士。
身高：25~31厘米。
体重：9~12千克。
寿命：12~15年（84~105犬龄）。
历史：血统可以追溯到12世纪。
用途：人们最初是为了放牧才饲养这种犬。
毛色：带或不带白色斑纹的红色，带白色斑纹的紫貂色，带白色斑纹的浅黄褐色，红头三色，黑头三色。
每窝产崽数：6~7只幼犬。

有趣的事实

彭布罗克威尔士柯基犬是牧羊犬家族中体形最小的，伊丽莎白二世女王就拥有多只这种犬。

瑞典柯基犬

这种犬通常被称为维京犬，因为它们在大约1 000年前的维京人时代而知名。

描述：这种犬身体强壮，肌肉发达。皮毛由短到中等长度，而且相当粗糙。双层皮毛的底层皮毛柔软而致密。

性情：这种特殊的犬会寻求人类的关注和陪伴，它们喜欢炫耀，人们形容它们有点滑稽。

有趣的事实

瑞典柯基犬被称为“维京人的小牛狗”，是瑞典的国犬。

统计

来源地：瑞典。
身高：30~40厘米。
体重：11~16千克。
寿命：12~14年（84~98犬龄）。
历史：人们认为从800到1 000年前，瑞典柯基犬在瑞典就已经存在了。
用途：放牧犬和护卫犬。
毛色：理想的颜色为灰色、灰棕色、灰黄色或红棕色，背部、颈部和身体两侧有深色皮毛。
每窝产崽数：7~9只幼犬。

威尔士牧羊犬

这是一种牧羊犬，培育者最看重的正是它们的这种本能，而不是外表。因此，这种犬在身材、毛色和体形上都有相当大的差异。

描述：这种犬皮毛很长。它们胸部很宽，腿也很长。口鼻处也很宽。

性情：它们以其超凡的智力而闻名。它们精力充沛，非常活跃。正因为如此，这种犬需要不断的精神和身体上的刺激。

有趣的事实

在英国，威尔士牧羊犬被用来驱逐牛羊，把它们赶到集市上去。

统计

来源地：英国威尔士。
身高：43~51 厘米。
体重：公犬 16~20 千克。
寿命：12~15 年（84~105 犬龄）。
历史：原产于威尔士，有时被称为威尔士柯利犬。
用途：最初被用来牧羊。
毛色：通常为黑白色、红白色或者三色；在这些组合中的任何一种上都可能出现陨石色斑纹。
每窝产崽数：6~8 只幼犬。

白色牧羊犬

白色牧羊犬是通过繁殖德国牧羊犬的白毛变种犬而得到的犬种。

描述：它们肌肉发达，身材比例平衡得很好。这种犬明显特征是尾巴位置很低，耳朵则是直立的。

性情：它们性格勇敢无畏，但并不会在没有必要的时候显示攻击性。白色牧羊犬的性格非常自信，天生具有超然的性质。它们非常警觉，也是很好的伴侣犬。

统计

来源地：美国。
身高：60~66 厘米。
体重：34~38 千克。
寿命：10~12 年（70~84 犬龄）。
历史：1999 年，美国联合养犬俱乐部承认这是一个单独的犬种。
用途：作为护卫犬和牧羊犬，它们表现优异。
毛色：白色。
每窝产崽数：7~10 只幼犬。

有趣的事实

2008 年，迪士尼电影《闪电狗》中的小白狗就是一只白色牧羊犬。

澳大利亚凯尔皮犬

这一犬种的背景非常神秘，人们认为这种犬从 1870 年就已经存在了。许多人相信凯尔皮犬是野生丁戈犬和边境柯利犬杂交而成的。不过，它们有可能只是 19 世纪英国移民带来的工作犬的后代，那些犬都是耐寒的杂交犬。

描述：它们有紧凑的身体和发达的四肢。身长略长于身高。有宽阔的胸部和坚实的后腿。尾巴和皮毛差不多，从丝滑到粗糙或浓密不等。

性情：它们对人极为忠诚，是属于一个人的犬，需要不断刺激以保持注意力集中。

有趣的事实

凯尔皮这个名字实际上来自苏格兰的超自然生物：凯尔皮或水马。罗伯特·路易斯·史蒂文森的小说《绑架》中提到了凯尔皮犬。

统计

来源地：澳大利亚。
身高：43~51 厘米。
体重：11~20 千克。
寿命：10~14 年（70~98 犬龄）。
历史：祖先是名为柯利犬的黑狗。它们在 19 世纪被进口到澳大利亚。
用途：用作羊群的守护犬。
毛色：多种颜色，从黑色、棕色到浅黄褐色不等。
每窝产崽数：4~7 只幼犬。

突厥獒犬

突厥獒犬是土耳其的国犬。它们能力很强，能驱赶狼、熊和豺狼等动物。

描述：虽然是獒犬，但这个犬种体重很轻。它们有浓密的双层皮毛。

性情：它们生性独立，个性平静，能控制自己的情绪。除非从很小的时候就进行社会化，否则这种犬不会和陌生人来往。

有趣的事实

突厥獒犬倾向于把它们的人类家庭当作自己的羊群来保护。

统计

来源地：土耳其。
身高：76~81 厘米。
体重：50~66 千克。
寿命：12~15 年（84~105 犬龄）。
历史：起源于土耳其中部锡瓦斯省的康加尔地区。
用途：被用作看家犬。
毛色：暗褐色或金色，有不同程度的黑色防护毛。
每窝产崽数：5~10 只幼犬。

埃斯特雷拉山地犬

埃斯特雷拉山地犬是葡萄牙埃斯特雷拉山区土生土长的犬种，数百年来一直被用来守卫家园和放牧。

描述：这是一种特殊的犬种，身材强壮。颈部短，肌肉发达。耳朵小，却恰当地直立着。

性情：它们骨架大，可以轻易地吓跑捕食者。它们个性大胆而勇敢，一旦受到威胁，将毫不犹豫地对危险做出反应。

统计

来源地：葡萄牙。
身高：63~71 厘米。
体重：34~50 千克。
寿命：9~13 年（63~91 犬龄）。
历史：原产于葡萄牙中部埃斯特雷拉山区。
用途：用于保护牲畜。
毛色：狼灰色、浅黄褐色或黄色。
每窝产崽数：7~8 只幼犬。

有趣的事实

埃斯特雷拉山地犬属于畜牧犬组。

法兰德斯牧牛犬

该犬种起源于 16 世纪的比利时，在法兰德斯地区用于牧牛。

描述：它们外表看上去强大有力。身体强壮，肌肉发达。头上长满了又长又乱的毛发，眼睛位于浓密的眉毛之下。

性情：它们大胆、无畏、勇敢，也很镇静。对牛群具有很强的防御性，但有过度保护的倾向。

有趣的事实

实际上法兰德斯牧牛犬的英文名字的意思就是“法兰德斯牛仔”。

统计

来源地：比利时。
身高：58~71 厘米。
体重：36~54 千克。
寿命：10~12 年（70~84 犬龄）。
历史：最早由獒犬与猎犬、牧羊犬杂交而成。
用途：被培育成牧牛犬。
毛色：浅黄褐色、黑色条纹色、黑色、灰色或金色。
每窝产崽数：7~9 只幼犬。

有趣的事实

法国军队在世界大战期间起用了布里犬，因为它们能冒着枪林弹雨营救受伤的士兵。

布里犬

直到 1863 年巴黎狗展之后，布里犬才被作为一个犬种流行起来。

描述：这种犬有一个大脑袋。外层被毛粗糙坚硬、干燥且平直，沿着身体垂下，很自然地呈波浪状。内层毛发紧致而细密，覆盖全身。

性情：它们听力优异，有着很强的护卫本能。正因为这些品质，它们成为一种警觉的看家犬。人们认为它们善良、忠诚、勇敢，无所畏惧。

统计

来源地：法国。
身高：60~68 厘米。
体重：31~34 千克。
寿命：10~12 年（70~84 犬龄）。
历史：尽管这种犬在 1863 年之前就已经存在，但直到当年的巴黎狗展之后，它们才开始流行。
用途：以保护羊群而闻名。
毛色：颜色有黑色、灰色和浅黄褐色。
每窝产崽数：8~10 只幼犬。

恩特雷布赫山地犬

恩特雷布赫山地犬是山地牧羊犬的一种，而且是其中体形最小的犬种。它们的名字来自瑞士阿尔卑斯山一个名为塞恩的部落。恩特雷布赫是瑞士卢塞恩州的一个自治市。

描述：它们身材匀称、结实，体形中等大小，拥有小小的耳朵和棕色的眼睛。

性情：和所有的工作犬一样，这种犬性情温和，对熟悉的人忠心耿耿，但对陌生人却有点多疑。

统计

来源地：瑞士。
身高：48~51 厘米。
体重：25~30 千克。
寿命：11~15 年（77~105 犬龄）。
历史：被认为是瑞士獒犬的后代，罗马人于公元 1 世纪将其引入。
用途：被用作护卫犬和放牧犬，但现在已经是伴侣犬了。
毛色：带有黑色、棕褐色和白色斑纹。
每窝产崽数：3~6 只幼犬。

有趣的事实

从 2011 年 1 月 1 日起，恩特雷布赫山地犬被加入畜牧犬组。

有趣的事实

波兰低地牧羊犬最常见的名字是波兰语的“Polski Owczarek Nizinny”，简称 PONS。

波兰低地牧羊犬

波兰低地牧羊犬是一种身体健壮的牧羊犬，人们认为它们是从匈牙利平原上的古代牧羊犬进化而来的。

描述：它们身材中等大小，已经被培育成工作犬。它们头部宽，耳朵是心形的，眼睛是淡褐色或棕色的。

性情：它们精力充沛，快乐、警觉、聪明，记忆力也很好。它们总是乐于取悦孩子，对他们也很好，但对陌生人却有些冷淡。

统计

来源地：波兰。
身高：40~51 厘米。
体重：13~16 千克。
寿命：12~15 年（84~105 犬龄）。
历史：人们认为这一品种是从波利犬和其他畜牧犬中进化而来的。
用途：被用作牧羊犬。
毛色：常见的为灰色或带灰色或黑色的白色。
每窝产崽数：3~5 只幼犬。

西班牙水犬

这一品种的犬是由西班牙牧羊人培育出的多用途牧犬。

描述：它们中等身材，体格强健，有着扁平的头骨和非常有表现力的眼睛。

性情：这种犬很聪明，忠诚且重感情。它们个性友好，具有放牧的本能。它们贪玩并具有很好的运动能力。

有趣的事实

西班牙水犬在西班牙南部又被称为“安达卢西亚土耳其犬”。

统计

来源地：西班牙。
身高：43~51 厘米。
体重：18~22 千克。
寿命：10~14 年（70~98 犬龄）。
历史：这种犬是西班牙牧羊人培育出的犬种。
用途：被用作多用途的畜牧犬。
毛色：毛色包括深浅不同的白色、黑色和栗色，还有双色。
每窝产崽数：4~6 只幼犬。

冰岛牧羊犬

冰岛牧羊犬属于绒毛犬，由维京人带到了冰岛。

描述：它们肌肉发达，身材结实。脖子略长，总是高高昂着。它们有椭圆形的脚趾和厚厚的脚垫，卷曲的尾巴高高竖起。

性情：这种犬很强壮，且精力充沛，性格友好而愉快。它们也非常贪玩，通常与孩子和其他宠物都相处得很好。

统计

来源地：冰岛。
身高：30~40 厘米。
体重：9~14 千克。
寿命：10~12 年（70~84 犬龄）。
历史：众所周知，冰岛牧羊犬是冰岛唯一土生土长的犬，由维京人在874—930 年带到冰岛。
用途：用于牧羊。
毛色：棕褐色、红棕色、巧克力色、灰色、黑色，带白色这一必有的突出色。
每窝产崽数：3~6 只幼犬。

有趣的事实

冰岛牧羊犬长得像在丹麦和瑞典的坟墓中发现的公元前 8 000 年的狗。

波兰塔特拉牧羊犬

这种犬与罗马尼亚布科维纳牧羊犬、喀尔巴阡山脉牧羊犬和米利泰克牧羊犬有亲缘关系。

描述：它们体形中等，身体强壮，有厚重的双层皮毛。鼻子和嘴唇是黑色的，脚垫是深色的。

性情：它们不仅是群居的护卫犬，而且由于体贴、聪明和高度警觉的天性，也被当作伴侣犬。

有趣的事实

第二次世界大战期间，由于波兰的饥荒和恶劣条件，波兰塔特拉牧羊犬几乎绝种。

统计

来源地：波兰。
身高：66~71 厘米。
体重：36~59 千克。
寿命：10~12 年（70~84 犬龄）。
历史：原产于波兰南部的塔特拉山脉。
用途：被用于放牧，也是羊群的监护者。
毛色：纯白色。
每窝产崽数：5~8 只幼犬。

阿登牧牛犬

阿登牧牛犬非常罕见。有观点认为，这个品种是由比利时牧牛犬和皮卡第牧羊犬杂交形成的。

描述：它们体形中等，被毛中长，粗糙而微卷。这种犬天生无尾，耳朵短，目光锐利。

性情：它们被归于猛犬品类，适应户外生存。它们极为警觉，对陌生人有天然的警惕心，对主人感情深厚，服从性强。

有趣的事实

对于住在公寓的人来说，阿登牧牛犬可就不是适合的宠物了。

统计

来源地：比利时。
身高：66~81 厘米。
体重：50~61 千克。
寿命：10~12 年（70~84 犬龄）。
历史：一般认为该品种源自约 18 世纪的比利时。
用途：护卫犬、牧牛犬。
毛色：除了白色以外，其他颜色都有。
每窝产崽数：4~7 只幼犬。

波希米亚牧羊犬

波希米亚牧羊犬是一个古老的牧羊犬品种，最早在 14 世纪的捷克南部边境就开始出现它们看护家畜的身影。

描述：这种犬体形中等，属牧羊犬品类。体格强壮、紧实、魁梧。双层被毛使它们可以抵御恶劣的气候环境。

性情：它们以极高的智商和挥之不尽的精力闻名。擅长迅速学习指令，因此很好被训练。

统计

来源地：捷克。
身高：48~56 厘米。
体重：16~25 千克。
寿命：12~15 年（84~105 犬龄）。
历史：可能是德国牧羊犬的祖先。在捷克出现的历史可追溯到 14 世纪。
用途：看护家畜。
毛色：黑色和棕褐色。
每窝产崽数：7~12 只幼犬。

有趣的事实

波希米亚牧羊犬还有一个别名，叫作“Chodsky pes”（意为“烈性犬”）。

布科维纳牧羊犬

布科维纳牧羊犬外表非常强壮、粗犷。它们最出名的就是天生的护卫意识和动静结合的性情。

描述：这种犬体格硕大，头部宽阔，鼻子宽而呈黑色。下颌强壮，上下齿呈剪状咬合。

性情：它们被培育来保护羊群和牛群。它们冷静，富有奉献精神且热爱孩子，对陌生人充满戒心。

有趣的事实

据说布科维纳牧羊犬的祖先是古代罗马尼亚达西亚和默西亚省的犬。

统计

来源地：罗马尼亚、塞尔维亚。
身高：64~78 厘米。
体重：68~80 千克。
寿命：10~12 年（70~84 犬龄）。
历史：起源于罗马尼亚东北部布科维纳的喀尔巴阡山。
用途：保护牧群和财产。
毛色：毛发为白色底色，带明显的沙炭灰、黑色或棕黑色条纹斑块。
每窝产崽数：4~7 只幼犬。

法国狼犬

法国狼犬是一种牧羊犬，在法国被认为是农场的护卫犬和好帮手。人们认为，法国狼犬可能对杜宾犬的发展做出过贡献。

描述：它们身体长度比身高稍长一些，头部也比较长。它们有深褐色的眼睛，眼睛是水平的，且呈椭圆形。

性情：众所周知，它们非常善于运动，聪明、冷静、温和，无所畏惧。它们非常渴望学习，所以很容易被训练。

有趣的事实

法国狼犬在两次世界大战期间都是信使犬，它们也被用来探测地雷，营救伤员。

统计

来源地：法国。
身高：63 厘米左右。
体重：41~50 千克。
寿命：10~12 年（70~84 犬龄）。
历史：起源于文艺复兴时期法国的博斯地区。
用途：用作畜牧犬。
毛色：主要颜色是带棕褐色或灰色的黑色、黑色和棕褐色。
每窝产崽数：6~7 只幼犬。

澳大利亚斗牛犬

澳大利亚斗牛犬由诺埃尔和蒂娜·格林命名。它们是在 20 世纪后期，由两个截然不同的繁育项目培育而成的。

描述：它们的整体身体结构显示了其力量和弹性。头部是它们的特色之一，使它们的外观呈方形，显得很强壮。

性情：这种犬体形中等，喜欢成为家庭的一员，是非常可爱和忠诚的犬。

统计

来源地：澳大利亚。
身高：43~53 厘米。
体重：23~35 千克。
寿命：8~10 年（56~70 犬龄）。
历史：起源于诺埃尔、蒂娜·格林和匹普·诺贝斯发起的育种计划。
用途：可用于放牧。
毛色：共有 5 种浓淡不同的带条纹颜色，包括红色、浅黄褐色、黑色、红褐色、银色。
每窝产崽数：2~4 只幼犬。

有趣的事实

对于澳大利亚斗牛犬这种特殊的品种的选择性育种计划始于 20 世纪 90 年代。

古代德国牧羊犬

被称为德国牧羊犬的现代犬种是由古代德国牧羊犬发展而来的。这种地方犬种包括大量的工作犬。

描述：由于人们是为了工作而不是外貌来培育这个犬种的，所以古代德国牧羊犬的外貌差异很大，它们看起来像德国牧羊犬，但皮毛或蓬松或光滑或刚硬。

性情：古代德国牧羊犬非常活跃。它们天性忠诚，能与人形成密切的关系。它们对家庭也具有很强的保护意识。

有趣的事实

当德国牧羊犬这一犬种被确立后，由德国牧民饲养的非标准化的犬就被称为古代德国牧羊犬。

统计

来源地：德国。
身高：56~66 厘米。
体重：22~40 千克。
寿命：8~10 年（56~70 犬龄）。
历史：19 世纪 90 年代以前，所有用来放牧和保护羊群的犬都被称为德国牧羊犬。这一犬种并没有标准化。
用途：被作为工作犬而培育。
毛色：颜色可以是黑色、棕色、蓝色或棕褐色。
每窝产崽数：7~9 只幼犬。

加泰罗尼亚牧羊犬

加泰罗尼亚牧羊犬属于加泰罗尼亚比利牛斯山地区的品种，在欧洲，主要在加泰罗尼亚地区、芬兰、德国和瑞典繁育。这个犬种很好训练，且能够适应各种气候类型。它们不仅是牧羊人和农民的好帮手，也是出色的看家犬。在西班牙内战中，它们甚至被用作传递情报的“间谍犬”。

描述：这种犬外貌廓形圆润，身体非常灵巧。加泰罗尼亚牧羊犬还有一个短毛的品种。无论长毛还是短毛，加泰罗尼亚牧羊犬都非常罕见。这种犬可能出生时就没有尾巴。

性情：它们智商极高，易于被训练。它们性格开朗乐观，脾气温和，对饲主及其家庭感情深厚，并会发展出强烈的依赖感。

有趣的事实

加泰罗尼亚牧羊犬擅长犬类运动，且适合在幼龄就接受训练，以培养和人的感情。

统计

来源地：西班牙。
身高：45~50 厘米。
体重：16~20 千克。
寿命：10~12 年（70~84 犬龄）。
历史：发源自西班牙的加泰罗尼亚地区。
用途：被用作护卫羊群的犬。
毛色：浅黄褐色、红棕色、灰色、黑色和白色。
每窝产崽数：3~6 只幼犬。

夏伊洛牧羊犬

夏伊洛牧羊犬仍在培育中，仍属非常罕见的品种，并且目前还没有主要的养犬俱乐部认可这一品种。夏伊洛牧羊犬的体形比德国牧羊犬要大。

描述：它们身材结实，背部很直。它们的头部很宽，口鼻处逐渐变细。

性情：这种犬性格外向，对同伴非常忠诚。夏伊洛牧羊犬非常热爱自己熟悉的人。

统计

来源地：美国。
身高：71~76 厘米。
体重：45~59 千克。
寿命：9~14 年（63~84 犬龄）。
历史：20 世纪 70 年代，人们为了培育出一种与德国牧羊犬相像的品种，开始培育这种犬。
用途：培育这种犬是为了让它们提供各种服务，比如放牧。
毛色：可以是黑色与棕褐色、金棕褐色、红棕褐色、银色或紫貂色的双色，也可以是纯金色、银色、红色、深棕色、深灰色或黑貂色。
每窝产崽数：5~10 只幼犬。

有趣的事实

一只名叫甘道夫的夏伊洛牧羊犬因为在北卡罗来纳州山区帮助人们发现了一名失踪的童子军而声名鹊起。

边境柯利犬

16世纪，在英格兰、苏格兰和威尔士边境乡镇，农民们专注于培育一种具备把羊群聚在一起的本能的牧羊犬。在探索过程中，他们成功地培育出了一种具备全面能力的犬，它们不仅聪明而且精力充沛，对主人的每项命令都非常敏感。这就是边境牧羊犬。

描述：这种犬身材紧凑，性格活泼，动作敏捷。它们不仅有长而密的表层皮毛，还有短而厚的内层毛。它们尾巴低垂，这意味着尽管它们能将尾巴向上卷起，但却并不能超过背部。

性情：它们非常敏锐、机警、聪明且勤奋。它们精力旺盛，在工作状态下要比在家庭环境中更兴奋。然而，经过训练，它们也能适应家庭生活。它们讨厌陌生人，这使它们能成为很好的看家犬。

有趣的事实

“Collie”这个词被认为来源于“Colley”或“Coalie”，意思是“黑脸绵羊”。

统计

来源地：英国。
身高：48~56厘米。
体重：13~20千克。
寿命：12~15年（84~105犬龄）。
历史：可以追溯到不列颠群岛中常见的兰德瑞斯柯利犬。
用途：被用于放牧。
毛色：纯色、双色、三色、陨石色、紫貂色。
每窝产崽数：5~7只幼犬。

阿富汗猎犬

大约 4 000 年前，阿富汗猎犬这种古老的犬种起源于埃及。它们是一种猎犬，今天仍然是非常罕见的外来犬种。

描述：它们眼睛非常独特，颜色通常很深。因奔跑速度和长距离奔跑的能力而闻名。

性情：它们总是充满爱意，并且贪玩。这个犬种的行为更像是猫而不是狗，当它们需要关注和陪伴的时候，会变得非常挑剔。阿富汗猎犬依旧保持着很强的捕猎本能。

有趣的事实

阿富汗猎犬最初是在 1890 年，由曾在第二次阿富汗战争中服役的士兵引入英国的。

统计

来源地：阿富汗。
身高：64~74 厘米。
体重：23~29 千克。
寿命：12~14 年（84~98 犬龄）。
历史：该种犬沿着古老的贸易通路从埃及来到了阿富汗，因其狩猎技能而备受赞誉。
用途：有些被当作猎犬饲养，有些被当作护卫犬饲养。
毛色：浅黄褐色、金色、棕色带条纹、白色、红色、奶油色、蓝色、灰色和三色。
每窝产崽数：6~8 只幼犬。

非洲犬

非洲犬是南非一种拥有古老血统的犬，它们是古代的非洲的猎犬和流浪狗的后代。据说它们最初生活在大约公元前 4700 年的古埃及。

描述：这种犬身材中等，体形苗条。它们的头是楔形的，脸上表情丰富。

性情：它们性格活泼。众所周知，它们能以非常快的速度奔跑，是优秀的猎犬。

统计

来源地：非洲。
身高：48~63 厘米。
体重：25~45 千克。
寿命：11~13 年（77~91 犬龄）。
历史：人们认为这种犬起源于非洲的尼罗河流域附近。
用途：主要被用于狩猎。
毛色：棕褐色、条纹、黑色、红色、斑点等。
每窝产崽数：1~7 只幼犬。

有趣的事实

非洲人被称为“乌姆布瓦瓦·基-申齐”，在斯瓦希里语中意思是“传统的狗”。

美国猎狐犬

美国猎狐犬是英国猎狐犬的表亲。

描述：美国猎狐犬比它们的英国表亲体重更轻，个头更高，嗅觉更敏锐，也能跑得更快。它们前腿很长，骨头很直。

性情：在家的时候美国猎狐犬很忠诚温柔，也很有爱心，但打猎时则非常勇敢。它们对儿童和其他动物也非常好。

有趣的事实

乔治·华盛顿为美国猎狐犬开展了一个繁育项目，他经常在自己的日记中提到猎犬。

统计

来源地：美国。
身高：56~63 厘米。
体重：29~34 千克。
寿命：10~12 年（70~84 犬龄）。
历史：17 世纪，英国猎狐犬被带到美国，美国猎狐犬就是这种英国猎狐犬的后代。
用途：这是一种嗅觉猎犬，用来捕猎狐狸。
毛色：可以是各种颜色。
每窝产崽数：5~7 只幼犬。

巴森吉犬

巴森吉犬作为一种最古老的犬种之一而为人所知，人们认为它们起源于非洲，它们有时在其他国家被认为是“非洲进口犬”。

描述：巴森吉犬是一种身材矮小、短毛、擅长运动的犬。长腿能在奔跑时更有效，巴森吉犬常被形容为有马的步态，当它们全速奔跑时，脚几乎是离开地面的。

性情：它们以精力充沛和具备高警觉性而闻名。巴森吉犬一个显著特征，是它们会围绕任何它们认为有威胁性的东西转圈。巴森吉犬对领地极为保护，对陌生人也不友好。

有趣的事实

18 世纪初，将巴森吉犬带到英国的尝试是失败的，因为它们中的大多数死于疾病。

统计

来源地：埃及。
身高：40~43 厘米。
体重：10~12 千克。
寿命：10~12 年（70~84 犬龄）。
历史：非洲最古老的犬种之一。
用途：狩猎和追逐野生动物。
毛色：红色、黑色、三色、棕色带条纹。
每窝产崽数：4~6 只幼犬。

巴塞特·阿蒂西亚·诺曼犬

这是法国六种巴塞特犬之一，源于 16 世纪的阿图斯犬和诺曼底犬。

描述：它们体重比巴塞特猎犬轻，腿又短又直，体长比身高略长，尾巴末端变细。

性情：尽管在狩猎时，巴塞特·阿蒂西亚·诺曼犬性格勇敢，果断坚毅，但这种特殊的犬种对待儿童却极其温和。

来源地：法国。
身高：25~36 厘米。
体重：13~16 千克。
寿命：13~15 年（91~105 犬龄）。
历史：16 世纪起源于法国。
用途：用于捕猎兔子和其他小猎物。
毛色：毛色在双色之间，如橙色和白色之间，或三色之间，如橙色、棕褐色和白色之间变化。
每窝产崽数：4~7 只幼犬。

统计

有趣的事实

巴塞特·阿蒂西亚·诺曼犬是一种步行猎犬，会陪着猎人步行。

巴塞特·蓝加斯科涅犬

人们相信巴塞特·蓝加斯科涅犬起源于法国西南部的加斯科涅地区。这是一种猎犬，以其出色的捕猎技巧而闻名。

描述：这个特殊的品种有着低垂的身体和短腿，这种理想的身材使它们很容易钻入猎物的洞穴或藏身之地。

性情：众所周知，巴塞特·蓝加斯科涅犬很聪明，易于被训练。它们性格友好随和，能够成为孩子们非常好的伙伴。

有趣的事实

巴塞特这个词来自于旧法语单词“basse”，意思是“低矮”。

统计

来源地：法国。
身高：30~38 厘米。
体重：13~16 千克。
寿命：12~14 年（84~98 犬龄）。
历史：被认为是一种早期犬种大蓝加斯科涅犬的后裔。
用途：用来捕猎野猪和狼。
毛色：白色皮毛上带有斑点，使其外表看上去呈蓝色，耳朵和眼睛上有棕色和棕褐色斑点。
每窝产崽数：4~7 只幼犬。

寻血猎犬

寻血猎犬起源于亚洲獒犬家族，人们认为当年罗马人扩张自己帝国的时候，这种犬被带到了法国。

描述：这种犬体形庞大，身体结实，肌肉发达，尾巴长而尖。它们也因为凝视时目光严肃有力而闻名。

性情：它们可爱、耐心、善良，这是一种性格非常温顺的犬，渴望取悦他人。它们也可以是非常深情的犬种，同时也很害羞和内向。

有趣的事实

寻血猎犬的一个显著特征是敏锐的气味和踪迹追踪能力，即使是几天前留下的气味和踪迹，它们也能发现。

统计

来源地：比利时、法国。
身高：58~66 厘米。
体重：36~50 千克。
寿命：10~12 年（70~84 犬龄）。
历史：由比利时阿登高地圣休伯特修道院的修道士培育出来，据说已经存在了 1 000 多年。
用途：嗅觉猎犬（人们认为这种犬是所有犬种里嗅觉最灵敏的）。
毛色：黑色和棕褐色、肝色和棕褐色或红色。
每窝产崽数：平均 8~10 只幼犬。

巴塞特猎犬

巴塞特猎犬是寻血猎犬的直系后代，人们认为这种犬起源于基因遗传的矮脚狗。

描述：它们身材较短，但相对较重。脑袋大，颌骨强壮有力，上下牙能像剪刀一般咬合。皮毛有光泽，又短又浓密。

性情：这种犬以其温和、忠诚和平和的天性而闻名。

统计

来源地：法国。
身高：30~38 厘米。
体重：18~30 千克。
寿命：10~12 年（70~84 犬龄）。
历史：原产于法国，以古法语单词“basse”命名，意思是“低”或“矮”。
用途：用于打猎。
毛色：底色一般为黑白棕三色，也有很多其他颜色。
每窝产崽数：6~8 只幼犬。

有趣的事实

巴塞特猎犬的长耳朵曾被莎士比亚充满诗意地描述为“扫去清晨露水的耳朵”。

巴伐利亚山地猎犬

巴伐利亚山地猎犬来自德国，自中世纪以来一直被德国人用来根据气味追踪受伤的猎物。它们是汉诺威猎犬和巴伐利亚猎犬的杂交品种。

描述：它们身材结实，口鼻处比较宽，下巴强壮有力。

性情：这种犬勇敢活泼，奔跑速度快，嗅觉好，狩猎本领高超，能轻松地在崎岖的地形中穿行。

有趣的事实

巴伐利亚山地猎犬是优秀的跟踪犬和嗅猎犬，是从最初被称为“凤尾草”的跟踪犬进化而来的。

统计

来源地：德国。
身高：53~63 厘米。
体重：24~36 千克。
寿命：10~14 年（70~98 犬龄）。
历史：起源于中世纪的德国。
用途：用来追踪受伤的猎物。
毛色：皮毛可能是深浅不一的黑色“面具”、浅黄褐色或棕色带条纹。
每窝产崽数：4~7 只幼犬。

比格犬

早在 15 世纪，比格犬就被英国猎人用来追踪野兔、野鸡和其他小动物。

描述：这种小猎犬身材匀称，身体结实而强壮。它们的脚是圆的，身后的尾巴翘得很高，但不是很卷。

性情：这是一种可爱而温和的犬，喜欢社交，看到谁都很高兴，会开心地摇着尾巴迎接他们。

有趣的事实

“Beagle”这个名字可能来自法语词“be'geule”，意思是“大嗓门”，指狗吠的声音。

统计

来源地：英国英格兰。
身高：33~40 厘米。
体重：8~14 千克。
寿命：12~15 年（84~105 犬龄）。
历史：人们认为比格犬的祖先是在 1066 年随着征服者威廉一起来到英国的。
用途：用于追踪。
毛色：常见的是三色，如白色与红色、柠檬色或橙色的组合。
每窝产崽数：2~14 只幼犬。

黑褐猎浣熊犬

黑褐猎浣熊犬是从寻血猎犬、爱尔兰克里比格犬和黑褐弗吉尼亚猎狐犬进化而来的犬种，它们以狩猎浣熊的技能而闻名，也擅长狩猎鹿、熊，甚至美洲狮。

描述：它们身材比例很好，身体强健有力。它们的尾巴很结实，行动时总与背部成直角。

性情：它们耐心、善良、忠诚，也很聪明、热情、专注。因为它们玩耍起来比较粗野，只适合较大的孩子。

统计

来源地：美国。
身高：58~69 厘米。
体重：22~34 千克。
寿命：10~12 年（70~84 犬龄）。
历史：这个犬种是用来捕捉浣熊的，祖先可能包括中世纪在英国发现的塔尔博特猎犬。
用途：用于打猎。
毛色：黑色带大量的棕褐色。
每窝产崽数：6~8 只幼犬。

有趣的事实

黑褐猎浣熊犬不适合寻找安静犬种的人。

巴塞特·法福·德·布列塔尼犬

这种犬是从体形更大的大法福·德·布列塔尼犬进化而来的，大法福·德·布列塔尼犬现在已经灭绝了。

描述：这种犬体形较小，皮毛摸上去非常粗糙。它们耳朵上的皮毛比身体其他部分的皮毛短得多，而且更细。

性情：它们活泼而友好，步伐也非常轻快。因为乐观的性情，它们是一种理想的家庭宠物。

有趣的事实

19 世纪，巴塞特·法福·德·布列塔尼犬就被确立为一种独特的犬种，不过直至 1983 年才被引入英国。

统计

来源地：法国。
身高：30~38 厘米。
体重：9~18 千克。
寿命：12~14 年（84~98 犬龄）。
历史：起源于法国西北部的布列塔尼地区。
用途：用于打猎。
毛色：红麦色或浅黄褐色。
每窝产崽数：5~7 只幼犬。

波索尔犬

波索尔犬是从古老的俄罗斯视觉猎犬进化而来的，也被称为俄罗斯猎狼犬。这种猎犬能保护它们的主人不受狼的伤害，也被用来狩猎和寻回食物。

描述：它们身材健硕，体形优雅。皮毛有华丽的光泽，摸上去也很柔软。

性情：它们个性端庄，敏感、勇敢、忠诚，也很聪明。然而，它们需要被严格地控制和训练。

有趣的事实

在 1861 年废除农奴制前，波索尔犬一直被俄罗斯贵族使用。

统计

来源地：俄罗斯、白俄罗斯。
身高：69~79 厘米。
体重：34~48 千克。
寿命：10~12 年（70~84 犬龄）。
历史：这个品种是由中亚国家带到俄罗斯的犬种的后代。
用途：被用作狩猎犬。
毛色：可以是任意颜色或任意颜色的组合。
每窝产崽数：5~7 只幼犬。

波斯尼亚粗毛猎犬

19 世纪，一些波斯尼亚猎人培育了这种嗅觉猎犬，这种猎犬最初是用来狩猎大型猎物的。

描述：它们身材中等大小，身长要比身高长很多。尽管表情严肃，独特的浓眉却使波斯尼亚粗毛猎犬的表情变得柔和。

性情：它们以活泼、机警著称，是优秀的表演者。它们也非常忠诚，这使它们成为很好的值得信赖的看家犬。

统计

来源地：波斯尼亚和黑塞哥维那。
身高：45~56 厘米。
体重：16~24 千克。
寿命：10~12 年（70~84 犬龄）。
历史：在波斯尼亚起源并被培育。
用途：被用作猎犬。
毛色：小麦色、微红黄色、灰色、黑色带白色斑点和双色或三色。
每窝产崽数：4~7 只幼犬。

有趣的事实

波斯尼亚粗毛猎犬以前的名字是伊利里亚猎犬，暗指生活在该地区的前斯拉夫人。

腊肠犬

腊肠犬数百年前起源于德国，是为了狩猎獾而培育的犬种。

描述：这种犬是体形匀称、肌肉发达、四肢短而结实的小猎犬。皮毛从头到尾都很光滑、柔顺。

性情：众所周知，腊肠犬非常忠诚，对主人保护欲极强。它们也非常聪明，经过训练很容易找到獾。

有趣的事实

“dachs”一词实际上来自德语中的“badger”（意思是“獾”）。

统计

来源地：德国。
身高：20~28 厘米。
体重：7~12 千克。
寿命：12~15 年（84~105 犬龄）。
历史：有些专家认为这种犬来自古埃及，因为在那里发现了短腿猎狗的雕刻。
用途：狩猎地下的獾和其他动物。
毛色：有各种颜色和任意颜色的组合。
每窝产崽数：3~4 只幼犬。

英国猎狐犬

英国猎狐犬可以追溯到16世纪。这个犬种是由多种猎犬与斗牛犬、灵猩和猎狐㹴杂交而成的。

描述：它们比美国猎狐犬稍微粗壮一点，是一种运动猎犬。它们头宽嘴长，皮毛短而粗糙，浓密而有光泽。

性情：这种犬胆大勇敢，以精力旺盛而闻名，它们也是一种热情的猎犬。

有趣的事实

英国猎狐犬是专门培育出来用于和猎人一起骑马打猎的。

统计

来源地：英国英格兰。
身高：56~64 厘米。
体重：25~32 千克。
寿命：10~12 年（70~84 犬龄）。
历史：在 16 世纪发展起来。
用途：被贵族用来打猎。
毛色：黑色、棕褐色和白色。
每窝产崽数：5~7 只幼犬。

灵猩

灵猩是一种特别为比赛和狩猎而饲养的犬。目前，这个犬种作为观赏犬更受欢迎。

描述：灵猩的腿长而有力，身材苗条。它们头部长而窄，口鼻部又长又尖。

性情：这种犬勇敢、忠诚、聪明，显得很有魅力、有爱心。灵猩也是一种非常敏感的犬。

统计

来源地：非洲。
身高：69~76 厘米。
体重：27~36 千克。
寿命：12~13 年（84~91 犬龄）。
历史：人们认为这种犬起源于埃及。
用途：视觉猎犬，为赛跑和打猎而培育。
毛色：几乎所有颜色都有。
每窝产崽数：7~9 只幼犬。

有趣的事实

灵猩曾经是澳大利亚农场的看家犬和追兔子的猎犬。

猎兔犬

虽然对于猎兔犬的确切起源尚不清楚，但人们认为它们是由不同犬种杂交的结果。

描述：这种犬体形比英国猎狐犬小，肌肉发达，四肢强壮。它们鼻子宽大，鼻孔张开，眼距较宽。

性情：它们不喜欢被单独留下，喜欢和人在一起，这使它们成为一种理想的宠物。

有趣的事实

猎兔犬这一犬种在英国很受欢迎，因为它们行进速度较慢，猎人能步行跟上它们。

统计

来源地：英国英格兰。
身高：45~56 厘米。
体重：18~27 千克。
寿命：10~12 年（70~84 犬龄）。
历史：关于猎兔犬的起源有很多互相矛盾的故事，但可以说第一只猎兔犬是 1260 年在英国被发现的。
用途：被用来追踪野兔的气味。
毛色：皮毛又细又短，光泽度好，毛色为棕褐色、白色和黑色组成的不同深浅的三色，有时，三色会混合在一起。
每窝产崽数：7~8 只幼犬。

伊比赞猎犬

伊比赞猎犬与法老猎犬非常相似，被用来狩猎，并为西班牙海岸附近的伊比扎岛居民提供食物。

描述：它们身材细长，骨瘦如柴。口鼻处又长又窄。眼睛很小，呈焦糖色。皮毛有三种：细毛、长毛和刚毛。

性情：这种犬被认为是干净和好玩的犬种。由于个性敏感，伊比赞猎犬是很好的宠物，通常对孩子们也很好。

有趣的事实

伊比赞猎犬的一个显著特点是白天和晚上都能捕猎。

统计

来源地：西班牙。
身高：56~74 厘米。
体重：19~25 千克。
寿命：10~12 年（70~84 犬龄）。
历史：最初由地中海东部的商人带到伊比扎岛和西班牙。
用途：用于捕猎兔子和较小的猎物。
毛色：白色、红色、浅黄褐色、栗色或这些颜色的任意组合。
每窝产崽数：6~10 只幼犬。

爱尔兰猎狼犬

人们相信爱尔兰猎狼犬是一个非常古老的犬种，其起源可以追溯到罗马时代。它们被用于战争以及狩猎鹿和野猪。

描述：爱尔兰猎狼犬体形巨大，是世界上身材最高的犬种之一，大约有小马那么大。它们口鼻处很长，而且有点尖，耳朵有点小。

性情：这种犬个性温文尔雅，耐心善良，也很聪明。

统计

来源地：爱尔兰。
身高：71~89 厘米。
体重：40~68 千克。
寿命：6~8 年（42~56 犬龄）。
历史：此犬种自古以来就存在，古希腊、罗马的著作中都提到过它们。
用途：被贵族用来在打猎的时候追赶猎物。
毛色：皮毛硬而粗糙，颜色包括灰色、棕色带斑点、红色、黑色、白色或黄灰色。
每窝产崽数：7~9 只幼犬。

有趣的事实

爱尔兰猎狼犬曾几乎绝迹，19 世纪，英国陆军部乔治·格雷厄姆上尉挽救了这一犬种。

立陶宛猎犬

立陶宛猎犬是为了重新创造出原始柯兰迪斯猎犬而培育的，柯兰迪斯猎犬与拉脱维亚猎犬有关系。

描述：它们身材结实，肌肉发达，皮毛光滑。头很大，棕色的眼睛中等大小，尾巴长而尖。

性情：这是一种出色的猎犬，嗅觉敏锐，追踪能力强。众所周知，这种犬精力旺盛，个性自由。

有趣的事实

立陶宛猎犬是一种相当罕见的品种，通常在立陶宛之外的地方不会看到。

统计

来源地：立陶宛。
身高：53~61 厘米。
体重：27~34 千克。
寿命：12~15 年（84~105 犬龄）。
历史：被认为起源于立陶宛，是立陶宛嗅觉猎犬中的最新品种。
用途：最初用于狩猎野兔、狐狸，甚至野猪。
毛色：黑色皮毛上有棕褐色的斑点。
每窝产崽数：4~7 只幼犬。

奥达猎犬

奥达猎犬是英国古老的犬种之一，被认为是寻血猎犬的后裔和万能㹴的祖先。

描述：这是种脑袋大、体形大的猎犬，身体强壮。众所周知，它们的鼻子很敏感，总是在奔跑中识别气味。

性情：它们个性友善，精力充沛，脾气平和，喜欢与家人亲近。奥达猎犬在追踪气味时会全神贯注，这使它们很难作为宠物被人控制。

有趣的事实

奥达猎犬被用来捕猎水獭，在潮湿的地方嗅觉极强。

统计

来源地：英国英格兰。
身高：58~66 厘米。
体重：30~52 千克。
寿命：10~12 年（70~84 犬龄）。
历史：英国最古老的犬种之一，深受皇室喜爱。
用途：最初用于打猎。
毛色：几乎所有颜色都有。
每窝产崽数：7~10 只幼犬。

小型巴塞特·格里芬·旺代犬

小型巴塞特·格里芬·旺代犬是法国西海岸旺代地区的四种粗毛犬之一，这种特殊的品种被法国皇室用作观赏犬。

描述：它们体形中等，身材粗壮。它们的鼻子又长又结实，耳朵垂在头的两侧。

性情：这种犬包容性非常好，个性敏感。它们性格乐观，并愿意取悦主人，精力充沛，非常警觉和细心。

统计

来源地：法国。
身高：33~38 厘米。
体重：14~18 千克。
寿命：12~14 年（84~98 犬龄）。
历史：原产于法国的旺代地区。
用途：被用作捕猎时的嗅觉猎犬。
毛色：主要为白色，带有橙色、柠檬色、黑色或灰白色等颜色的斑点。
每窝产崽数：4~7 只幼犬。

有趣的事实

在英国早期，小型巴塞特·格里芬·旺代犬被简单地称为“快乐的犬种”。

法老猎犬

法老猎犬被认为是最古老的家养犬种之一，对于它们的确切起源已经无法追溯。人们相信，埃及法老用这种犬追逐和狩猎小猎物。法老猎犬也是忠诚的伴侣犬。

描述：这种犬身材修长，身长略长于身高。它们有大大的耳朵和小小的椭圆形眼睛，眼窝深陷，眼睛呈琥珀色。

性情：它们个性相当独立，从小训练能成为令人愉快的伴侣犬。这种犬的独特特征是当它们兴奋时，鼻子和耳朵会发红。

有趣的事实

自 1974 年以来，法老猎犬一直是马耳他的国犬。

统计

来源地：古埃及。
身高：58~63 厘米。
体重：20~25 千克。
寿命：11~14 年（77~98 犬龄）。
历史：是最古老的家养犬之一，被认为起源于公元前 4000 年。
用途：被用来追踪兔子。
毛色：红色或棕褐色，带有白色斑纹。
每窝产崽数：7~8 只幼犬。

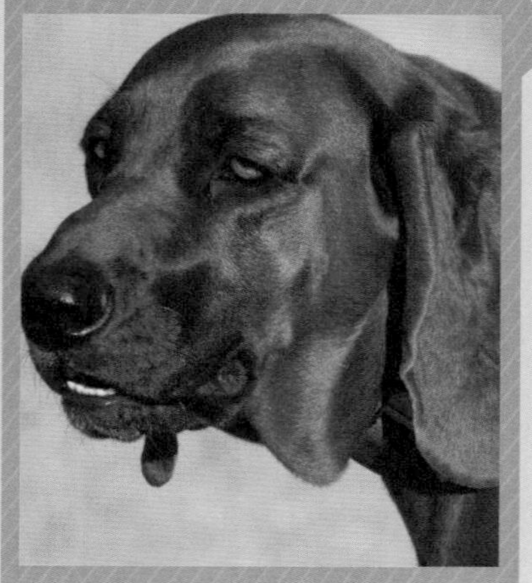

红骨猎浣熊犬

红骨猎浣熊犬是一种狩猎犬，用来狩猎熊、浣熊和美洲狮等动物。它们能适应各种地形，如沼泽、平原、山地等。

描述：红骨猎浣熊犬身材瘦，肌肉发达，身体比例很好。它们的腿又长又直。这种犬因为总是高傲地昂着头和尾巴而闻名。

性情：这种犬能成为很好的家庭宠物犬或伴侣犬。

有趣的事实

红骨猎浣熊犬出现在了威尔逊·罗尔斯的小说《红色的羊齿草》中。

统计

来源地：美国南部。
身高：53~69 厘米。
体重：22~32 千克。
寿命：11~12 年（77~84 犬龄）。
历史：18 世纪，苏格兰移民带着红色猎狐犬来到美国，红骨猎浣熊犬正是由红色猎狐犬繁育而来的。
用途：用于打猎。
毛色：总是呈深红色，胸部和两腿间有少量白色。
每窝产崽数：6~10 只幼犬。

罗得西亚脊背犬

科伊科伊人的脊背猎犬与早期拓荒者带到南非开普敦的犬种进行杂交，就有了罗得西亚脊背犬。

描述：这种犬肌肉发达。它们背部有个明显特征，脊背上有一缕毛发由后向前生长。

性情：它们很聪明，对主人非常忠诚，有很强的保护欲，但对陌生人却有点冷淡。

统计

来源地：津巴布韦（前南罗得西亚）。
身高：61~69 厘米。
体重：30~41 千克。
寿命：10~12 年（70~84 犬龄）。
历史：原产于津巴布韦，是由当地犬与白人移民的犬杂交而成的。
用途：用来猎捕狮子。
毛色：通常为浅小麦色至红小麦色。
每窝产崽数：7~8 只幼犬。

有趣的事实

来自津巴布韦普卢姆特里地区的科尼利厄斯·范·鲁恩培育了这个犬种。

丝毛猎风犬

弗朗西斯·图尔用波索尔犬和猎鹿犬这两个犬种成功培育出了这一犬种。

描述：这是一种中型犬。外表非常优雅，有中等长度的丝毛，天气恶劣的时候能起到保护作用。它们头部轮廓鲜明，脖子很长。

性情：这种犬感情丰富，反应灵敏，非常愿意取悦主人。它们也非常聪明，在田野中非常有竞争精神。

有趣的事实

第一只丝毛猎风犬诞生于 1987 年。

统计

来源地：美国。
身高：45~58 厘米。
体重：15~25 千克。
寿命：14~18 年（98~126 犬龄）。
历史：是美国出现的第一种长毛视觉猎犬。
用途：用于狩猎。
毛色：皮毛有多种颜色和斑纹组合。
每窝产崽数：4~8 只幼犬。

苏格兰猎鹿犬

苏格兰猎鹿犬曾被称为苏格兰灵缇，它们是灵缇的近亲，以敏锐的视觉而闻名。

描述：这种犬就像灵缇一样，身材又高又瘦。头平而宽，口鼻处逐渐变细。全身毛发粗糙。

性情：它们性情温和，举止文雅，感情丰沛。这种犬个性友好，对孩子们也很好。因为它们喜欢围着人打转转，所以并不是好的看家犬。

有趣的事实

过去，苏格兰猎鹿犬被称为苏格兰的皇家犬种，不允许任何低于伯爵等级的人拥有它。

统计

来源地：英国苏格兰。
身高：71~81 厘米。
体重：34~50 千克。
寿命：8~10 年（56~70 犬龄）。
历史：人们相信这一犬种自古就有，因为描绘它们形象的陶器可以追溯到 1 世纪。
用途：用于打猎、观察、跟踪、赛跑和猎捕野兔。
毛色：蓝灰色、灰色、棕色带斑纹和黑色、黄色和沙红色或和红棕色。有时在胸部、脚和尾巴上也能看到一点白色。
每窝产崽数：8~9 只幼犬。

波斯莱尼犬

波斯莱尼犬被认为是法国最古老的嗅觉猎犬，也被称为弗朗什孔泰犬，来源于与瑞士接壤的一个法国地区的名字。

描述：这一犬种有闪亮的白色皮毛，这使它们看起来像一个小雕像。它们鼻子是黑色的，耳朵很细，脖子很长。

性情：波斯莱尼犬精力充沛，也被认为是凶猛的猎犬，但它们对主人很温和，也很容易打理。

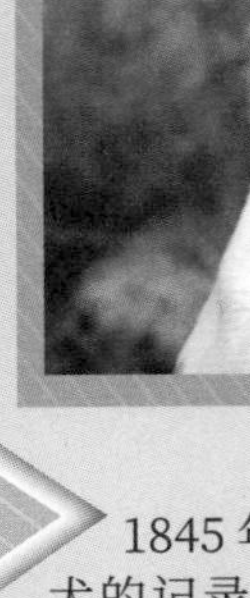

统计

来源地：法国。
身高：56~59 厘米。
体重：25~28 千克。
寿命：12~13 年（84~91 犬龄）。
历史：被认为是最古老的法国嗅觉猎犬。
用途：用于捕猎野兔和鹿。
毛色：基本毛色为白色，耳朵上为橙色。
每窝产崽数：4~8 只幼犬。

有趣的事实

1845 年，法国开始有波斯莱尼犬的记录。1880 年，瑞士有了此犬种的记录，那时就有了首个由波斯莱尼犬组成的狩猎群。

提洛尔猎犬

1860 年，人们开始用选择性育种的方式培育提洛尔猎犬，并于 1908 年正式确认此犬种。

描述：这种犬有着中等体形，头顶上长着平直的耳朵，后腿上有双层毛发和羽状毛发。

性情：这是一种猎犬。它们的性情稳定，精力充沛，非常活跃。它们性格友爱，重感情，被证明是一种忠诚的宠物。

有趣的事实

马克西米利安一世、墨西哥皇帝和奥地利大公都很喜欢这一犬种，因为它们能够抓捕和追踪受伤的猎物。

统计

来源地：奥地利。
身高：43~51 厘米。
体重：18~20 千克。
寿命：12~14 年（84~98 犬龄）。
历史：人们认为提洛尔猎犬的祖先是凯尔特猎犬。
用途：用于追踪受伤的猎物。
毛色：毛发主要有两种颜色，红色和黑褐色，两种毛色上都可能有白色斑点。
每窝产崽数：4~8 只幼犬。

惠比特犬

惠比特犬是一种视觉猎犬，它们看起来像一只小型灵猩。

描述：这种犬体形中等大小，皮毛有各种颜色和图案。它们步态优美，是狗展上非常受欢迎的犬种。

性情：它们天性安静平和，一天大部分时间里都在休息。它们性格友好，非常依恋主人。

有趣的事实

根据 2007 年《科学日报》上的一篇文章，惠比特犬极高的运动能力可能是由基因突变引起的。

统计

来源地：英国英格兰。
身高：48~56 厘米。
体重：11~20 千克。
寿命：12~15 年（84~105 犬龄）。
历史：19 世纪，灵猩与意大利灵猩杂交，诞生了这一犬种。
用途：被用于打猎和赛跑。
毛色：黑色、红色、浅黄褐色、白色或石灰蓝色。既有纯色也有杂色。
每窝产崽数：5~7 只幼犬。

阿札瓦克犬

阿扎瓦克犬是一种视觉猎犬，过去由生活在撒哈拉和萨赫勒地区的图瓦雷克人和其他游牧民族培育和饲养。

描述：它们有杏仁状的眼睛。身材消瘦。它们的移动方式更像猫，而不像狗。它们的毛发有多种颜色。

性情：阿扎瓦克犬的首要功能是护卫，而不是狩猎。它们和主人有非常亲密的联系。大多数阿扎瓦克犬不喜欢水、雨或寒冷天气。

统计

来源地：非洲。
身高：58~74 厘米。
体重：17~25 千克。
寿命：10~12 年（70~84 犬龄）。
历史：最新的基因测试显示，阿札瓦克犬是撒哈拉以南的非洲丛林犬的后代。
用途：用于护卫和狩猎。
毛色：浅黄褐色、金色、棕色带条纹。
每窝产崽数：6~8 只幼犬。

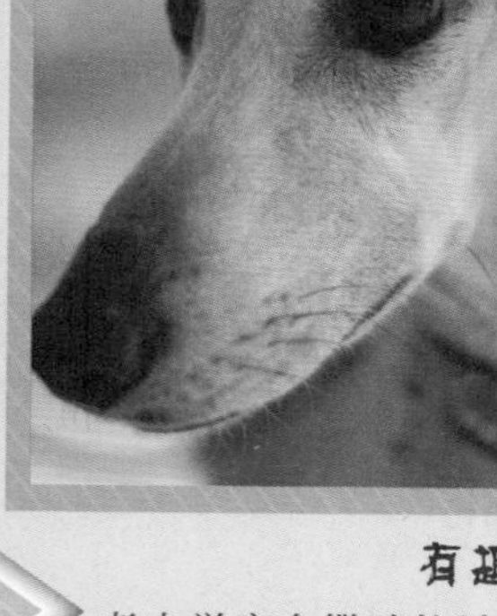

有趣的事实

考古学家在撒哈拉沙漠定居点发现了掩埋着的阿扎瓦克犬骨头，这些骨头可能有 1 万年的历史。

比格 - 猎兔犬

比格 - 猎兔犬是 19 世纪由杰拉德男爵在法国培育的犬种，它们是由比格犬和猎兔犬杂交而成的。

描述：虽然比格 - 猎兔犬与比格犬和猎兔犬都有相同的外观，但它们比比格犬体形大，比猎兔犬体形小。比格 - 猎兔犬是一种中型犬，通常肌肉发达。它们的毛发光滑厚实。

性情：它们一般对孩子和其他动物都很好，也很忠诚、镇静、放松。它们也因为性格坚定而出名。

有趣的事实

比格 - 猎兔犬现在非常罕见，甚至在法国也很罕见。

统计

来源地：法国。
身高：46~51 厘米。
体重：19~21 千克。
寿命：12~13 年（84~91 犬龄）。
历史：原产于法国，在其他地方很少见。
用途：用于捕猎野猪和鹿。
毛色：毛发通常为三色，主要有浅黄褐色、黑色、棕褐色和白色。
每窝产崽数：7~8 只幼犬。

法国比利犬

猎犬已在法国农村被使用了几个世纪。法国比利犬就是在19世纪由猎犬培育而来的，但这个犬种在法国以外的国家却鲜为人知。

描述：法国比利犬有短而松软的耳朵和短而毛茸茸的皮毛。除了毛发颜色，它们看起来很像其他品种的法国猎犬。

性情：法国比利犬与主人关系最为密切。它们天生聪明、温柔，是人类所知的最忠诚的伴侣之一。

有趣的事实

第二次世界大战后，世界上只剩下大约10只比利猎犬。

统计

来源地：法国。
身高：58~71厘米。
体重：24~32千克。
寿命：10~12年（70~84犬龄）。
历史：这个犬种起源于19世纪的法国。
用途：主要用途是作为狩猎犬。
毛色：有可能出现的毛发颜色为纯白色和灰白色，或在头部和身体上带有橙色或柠檬色斑点。
每窝产崽数：4~8只幼犬。

法国三色犬

当翻译成英语时，它们的名字意思是“法国三色猎犬”。这是一种嗅觉猎犬，原产于法国，是为狩猎而培养的犬种。

描述：法国三色犬是一种典型的法国大猎犬。它们身材消瘦，肌肉发达。

性情：此犬种因狩猎能力而闻名，是专门为狩猎而培育的，不适合作为宠物。

统计

来源地：法国。
身高：63~71厘米。
体重：27~31千克。
寿命：12~14年（84~98犬龄）。
历史：原产于法国。
用途：通常会被培育为群猎犬。
毛色：有独特的三色皮毛，背部好像披着黑色的斗篷，身体上棕褐色的部分形成明亮的色彩。
每窝产崽数：4~7只幼犬。

有趣的事实

法国三色犬被培育用于群体狩猎，但需要人来引导。

艾特拉科尼克犬

艾特拉科尼克犬原产于西西里岛，被用来捕猎兔子。这个犬种具有敏锐的嗅觉，身体能忍受非常恶劣的地形，例如埃特纳火山的山坡地带。

描述：艾特拉科尼克犬身材中等大小，优雅苗条，外表强壮。

性情：这个犬种以温文尔雅闻名，同时也非常聪明、友好、忠诚。但当遇到其他犬的时候，可能会显得非常冷淡。

有趣的事实

人们相信此艾特拉科尼克犬是3 000多年前由地中海东部的腓尼基商人带进西西里的。

统计

来源地：意大利西西里岛。
身高：40~51厘米。
体重：8~14千克。
寿命：12~14年（84~98犬龄）。
历史：原产于西西里岛。
用途：是为捕猎兔子而培育的犬种。
毛色：毛色多种多样，身体为浅黄褐色，头上有白色火焰纹或斑点，胸部、脚上或尾巴尖上也有白色斑点。
每窝产崽数：2~5只幼犬。

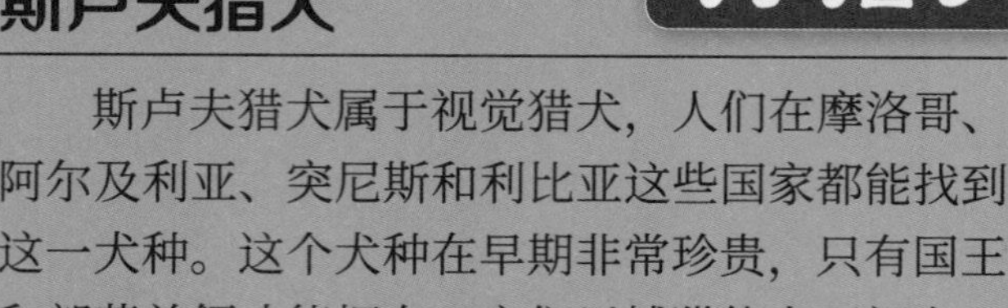

斯卢夫猎犬

斯卢夫猎犬属于视觉猎犬，人们在摩洛哥、阿尔及利亚、突尼斯和利比亚这些国家都能找到这一犬种。这个犬种在早期非常珍贵，只有国王和部落首领才能拥有。它们以捕猎能力而闻名，并能保护主人的房子和牲畜。

描述：斯卢夫猎犬体形中等，身体结实，毛发极短。它们的耳朵耷拉着，这使它们显得很忧郁。这种犬的面部表情温和，几乎有些悲伤。

性情：这种犬非常警觉和聪明，也有非常敏感的一面。因为天性忠诚，它们更愿意留在主人身边。它们在室内时安静而平和。

有趣的事实

世界犬业联盟只承认两种视觉猎犬，斯卢夫猎犬就是其中之一。

统计

来源地：非洲。
身高：66~71 厘米。
体重：25~30 厘米。
寿命：10~15 年（70~105 犬龄）。
历史：确切起源并不确定，但据传它们来自埃塞俄比亚。
用途：视觉猎犬，是可靠的护卫犬。
毛色：主要为带黑色面具的沙棕色。
每窝产崽数：5~7 只幼犬。

西班牙灵猩

西班牙灵猩是一种外表具有欺骗性的犬，虽然它们外表看上去脆弱，但却拥有巨大的力量和速度。西班牙灵猩有两种不同的形态：一种姿态优雅，毛发细软；另一种性情粗野，毛发粗糙。

描述：虽然西班牙灵猩看起来像灵猩，但在体形上二者有微妙差异。西班牙灵猩的身体后部要比前面高，与灵猩相比，其个头更小，体重更轻，尾巴也更长。

性情：西班牙灵猩平和、安静、温柔，喜欢悠闲，如果能整天躺着睡觉，它们就很快乐了。

统计

来源地：西班牙。
身高：58~71 厘米。
体重：20~30 千克。
寿命：12~15 年（84~105 犬龄）。
历史：这是一种古老的犬种，可以追溯到公元前 400 年。
用途：曾是视觉猎犬，现在已经成了家庭宠物。
毛色：有各种毛发颜色和图案。
每窝产崽数：6~8 只幼犬。

有趣的事实

超过 90% 的西班牙灵猩对猫都很友好，因此对有猫的爱犬人士而言，西班牙灵猩是理想的选择。

芬兰猎犬

芬兰猎犬是19世纪法国猎犬、德国猎犬和瑞典猎犬杂交繁殖的产物，现已成为芬兰最受欢迎的本土工作犬种。

描述：芬兰猎犬体形中等，头顶略圆，口鼻处较长。它们的身长要比身高更长，尾巴又长又尖。

性情：和所有猎犬一样，芬兰猎犬的嗅觉非常好，随时准备捕猎。这个犬种需要一位严格的主人适当地控制它们。

有趣的事实

芬兰猎犬爱干净，身上通常没有狗的味道。

统计

来源地：芬兰。
身高：50~60厘米。
体重：20~25千克。
寿命：10~12年（70~84犬龄）。
历史：起源于19世纪的芬兰。
用途：用于捕猎野兔和狐狸。
毛色：棕褐色带黑色马鞍形条纹，头、胸、脚和尾巴尖上有白色斑点。
每窝产崽数：4~7只幼犬。

格里芬·蓝加斯科涅犬

格里芬·蓝加斯科涅犬是蓝加斯科涅犬和格里芬·尼韦内犬，甚至还有大格里芬·旺代犬的杂交犬种。这一犬种曾经相当不受欢迎，但最近人气有所回升。

描述：格里芬·蓝加斯科涅犬体形从中等到大型都有。这种犬的特点是长着有斑点的松厚皮毛，摸上去很粗糙。

性情：该种犬的性格非常容易激动，但很重感情。每条犬的性格各异。

统计

来源地：法国。
身高：48~61厘米。
体重：16~18千克。
寿命：10~12年（70~84犬龄）。
历史：这是一种嗅觉猎犬，源自法国。
用途：多用途的猎犬。
毛色：有石灰蓝色的毛发，上面有明显的大小黑斑。
每窝产崽数：4~8只幼犬。

有趣的事实

格里芬·蓝加斯科涅犬的每只眼睛上都有棕褐色的“眉毛”标记，这给它们一种“四眼”的效果。

大格里芬·旺代犬

大格里芬·旺代犬也属于猎犬家族，它们是一种被广泛用于狩猎的犬种，以精力充沛、声音响亮而闻名。

描述：大格里芬·旺代犬虽然体形中等，但它们能发出强大有力的声音。这种犬区别于其他犬的地方在于，胡子和眉毛上毛发很多。

性情：作为狩猎犬，大格里芬·旺代犬会结成群，而且很有自信，人们很难单独控制它们。

有趣的事实

大格里芬·旺代犬是以法国西部地区旺代命名的。

统计

来源地：法国。
身高：58~66厘米。
体重：30~35千克。
寿命：12~14年（84~98犬龄）。
历史：起源于16世纪初的法国。
用途：用于打猎。
毛色：毛发颜色为白色，带有橙色、柠檬色和棕褐色斑点。
每窝产崽数：4~8只幼犬。

格里芬·尼韦内犬

格里芬·尼韦内犬是一种全方位的猎犬。它们由法国贵族培育，曾经消失了一段时间，直到 1925 年才被法国中部尼韦内地区的猎人们重新培育起来。

描述：格里芬·尼韦内犬体形中等大小，与其他法国猎犬相比，它们身体更长。它们毛发粗糙，有长长的耳朵和略微弯曲的尾巴，下巴上长着胡子。

性情：格里芬·尼韦内犬被认为是非常勇敢和大胆的犬种。

有趣的事实

人们认为，格里芬·尼韦内犬是用“十字军”使用的凯尔特猎犬为原型而培育的。

统计

来源地：法国。
身高：53~63 厘米。
体重：22~25 千克。
寿命：10~12 年（70~84 犬龄）。
历史：由法国贵族饲养，但它们在法国大革命后就销声匿迹了，直到 1925 年才重新出现。
用途：是一种多用途的猎犬。
毛色：全身毛发基本都是黑色。
每窝产崽数：4~8 只幼犬。

匈牙利猎犬

匈牙利猎犬是匈牙利古老的犬种特兰西瓦尼亚猎犬的后代，用于狩猎野猪和鹿等动物。

描述：匈牙利猎犬体形中等大小，外表皮毛非常光滑，通常为黑色或棕褐色，身体下侧为棕褐色或白色。

性情：这种犬非常忠诚和友好，脾气温和，对人和其他动物都很友好。它们聪明，善于解决问题，易于被培训。

统计

来源地：匈牙利。
身高：56~66 厘米。
体重：30~35 千克。
寿命：10~12 年（70~84 犬龄）。
历史：原产于匈牙利。
用途：用于打猎。
毛色：黑色，红色和棕褐色，鼻子呈褐色；有的毛发中有少量的白色。
每窝产崽数：6~8 只幼犬。

有趣的事实

除了匈牙利，匈牙利猎犬只存在于罗马尼亚。

挪威猎鹿犬

挪威猎鹿犬被维京人用作狩猎犬和护卫犬。众所周知它们在夜间比白天工作得更好。

描述：这是一种中型猎犬，身体矮，呈正方形。它们的头呈楔形，耳朵宽大。

性情：挪威猎鹿犬警惕性高，对人友好，虽然它们会以极大热情迎接家人，但在陌生人面前比较内向。它们值得信赖，充满活力，是很好的宠物犬和可爱的伴侣犬。

有趣的事实

类似今天挪威猎鹿犬骨骼可追溯至公元前 5000 至公元前 4000 年。

统计

来源地：挪威。
身高：48~53 厘米。
体重：22~27 千克。
寿命：12~15 年（84~105 犬龄）。
历史：古老的犬种，最初被斯堪的纳维亚的维京人所用。
用途：用作猎犬、警犬和牧羊犬。
毛色：毛发为灰色，发尖为黑色，底层毛发颜色较浅。
每窝产崽数：7~14 只幼犬。

加那利猎犬

这是一种古老的犬种，其祖先可能是由腓尼基人、希腊人和埃及人带到加那利群岛的犬。

描述：加那利猎犬身材修长结实，毛发短而致密。它们头部的长度要比宽度更长，当它们兴奋时会竖起耳朵。

性情：这一特殊的犬种不应该在家庭豢养，因为它们具有侵略性，它们的神经质和躁动不安的状态广为人知。像任何猎犬一样，加那利猎犬具有本能的狩猎特质。

有趣的事实

加那利犬的历史可以追溯到大约 7 000 年前。

统计

来源地：西班牙加那利群岛。
身高：53~63 厘米。
体重：16~22 千克。
寿命：12~13 年（84~91 犬龄）。
历史：被认为是非常古老的犬种，起源于加那利群岛。
用途：主要用于狩猎兔子。
毛色：毛色为白色和不同程度的红色组合，取决于来自哪个岛屿。
每窝产崽数：4~8 只幼犬。

萨卢基猎犬

萨卢基猎犬还有其他名字，包括埃及皇家犬和波斯灵猩。

描述：这种犬的身体结构和其他视觉猎犬一样。它们的皮毛既可以是细软的，也可以是羽状的。后者更常见的情况是在耳朵、腿和尾巴上的毛发。

性情：这种犬性格独立，需要大量训练。对熟悉的人，它们则是温和而亲切的。

统计

来源地：中东。
身高：58~71 厘米。
体重：13~30 千克。
寿命：12~14 年（84~105 犬龄）。
历史：被认为是阿富汗猎犬的近亲，原产于从突厥斯坦东部到土耳其地区。
用途：最早是皇室用犬。
毛色：皮毛有各种颜色，包括白色、奶油色、浅黄褐色、红色、灰白色和棕褐色、黑色和棕褐色以及三色（白色、黑色和棕褐色）。
每窝产崽数：4~8 只幼犬。

有趣的事实

在公元前 2134 年的埃及古墓中，能看到与萨卢基猎犬非常相似的动物形象。

席勒斯多弗尔犬

席勒斯多弗尔犬是在瑞典南部培育的一个犬种，是瑞士猎犬和猎兔犬杂交的品种。它们的名字翻译成英文是“席勒猎犬”。这是一种嗅觉猎犬，用于捕猎兔子和狐狸。

描述：这种犬从中型到大型都有。它们有柔软的宽耳朵，皮毛摸上去很粗糙，紧贴着身体。

性情：席勒斯多弗尔犬狩猎时精力充沛，但在家里时会变得很平静。

有趣的事实

席勒斯多弗尔犬是以瑞典农民席勒（1858—1892 年）的名字命名的，他在 1886 年的瑞典狗展上首次展示了这个品种。

统计

来源地：瑞典。
身高：48~61 厘米。
体重：17~25 千克。
寿命：12~15 年（84~105 犬龄）。
历史：这是起源于瑞典的嗅觉猎犬。
用途：用于打猎。
毛色：颜色包括黑色、棕褐色，身体为棕褐色，背部呈披风状的黑色。
每窝产崽数：4~8 只幼犬。

塞尔维亚猎犬

塞尔维亚猎犬是塞尔维亚常见的猎犬，它们以前被称为巴尔干猎犬。

描述：这种犬身材中等大小，身体结实。它们的头骨是圆形的，口鼻处发育很好。

性情：塞尔维亚猎犬是理想的狩猎伙伴，也是很好的家庭宠物。它们性格活泼，天性善良。

有趣的事实

在11世纪，弗兰克·拉什卡非常详细地描述了当时的嗅觉猎犬，塞尔维亚猎犬是他所论述的犬种之一。

统计

来源地：塞尔维亚。
身高：43~53厘米。
体重：13~20千克。
寿命：10~12年（70~84犬龄）。
历史：11世纪，这个犬种首次在巴尔干半岛被记录下来，记录者名叫弗兰克·拉什卡。
用途：被用作嗅觉猎犬和伴侣犬。
毛色：毛发颜色为红色或棕褐色，背部有马鞍形的黑色条纹，令人印象深刻。
每窝产崽数：4~8只幼犬。

四国犬

四国犬是日本的一个古老犬种。

描述：这种犬的体形方方正正，皮毛很厚，尾巴有些弯曲。

性情：这种犬很勇敢，并表现出良好的判断力，行为谨慎。它们是忠诚的伴侣犬，对那些享受户外和活跃的生活方式的人来说很理想。

统计

来源地：日本。
身高：43~53厘米。
体重：16~23千克。
寿命：10~12年（70~84犬龄）。
历史：原产于日本，但现在即使在日本也是罕见的犬种。
用途：用来猎鹿和野猪。
毛色：毛发颜色为红色、红芝麻色、黑色或黑芝麻色。

有趣的事实

1937年，日本皇室授予四国犬日本“自然纪念碑”的名誉。

伯尔尼劳佛犬

这种嗅觉猎犬已经被瑞士猎人使用了900年左右，用于追捕大型猎物。这一犬种的仰慕者经常形容它们是世界上最好的猎犬。

描述：它们身体结实。口鼻部很长，长耳朵低垂下来。它们的鼻子尖上的颜色是黑色的，剩下的地方则和皮毛上的颜色一致。这种犬运动时身体协调，能跑很远，这使它们成为理想的狩猎犬。

性情：这一犬种精力旺盛，性格自由洒脱，具有极强的运动能力，需要经常锻炼。它们充满热情，乐于取悦主人。由于伯尔尼劳佛犬的身材和响亮的吠叫声，它们普遍被视为警犬。

有趣的事实

伯尔尼劳佛犬在狗展上很受欢迎，因为它们很容易被训练，并且服从指令。

统计

来源地：瑞士。
身高：38~58厘米。
体重：15~20千克。
寿命：12~13年（84~91犬龄）。
历史：最初来自瑞士，它们在瑞士最早出现的证据可以追溯到10世纪。
用途：伴侣犬，狩猎犬。
毛色：黑白相间。
每窝产崽数：4~7只幼犬。

斯莫兰斯多弗尔犬

该犬种原产于16世纪的瑞典，是稀有犬种，在瑞典以外的地方很少见到。

描述：斯莫兰斯多弗尔犬外表强健，让人感觉很有力量。它们有双层皮毛，上层毛发粗糙，下层毛发浓密柔软。它们有些生来就是短尾巴。它们的毛发很短，几乎不需要保养，每周刷一两次毛就足够了。

性情：这种犬是猎人完美的伴侣犬，也是大家熟知的忠诚宠物，它们对主人有很强的保护意识。人们认为这种犬非常聪明，能够学习新技巧。

有趣的事实

有观点认为，是早期的繁殖者冯·埃森男爵创造了这种天生短尾的犬种。

统计

来源地：瑞典。
身高：43~53 厘米。
体重：15~20 千克。
寿命：12~15 年（84~105 犬龄）。
历史：被认为是瑞典最古老的犬种，人们认为它们起源于 16 世纪。
用途：被用来捕猎野兔和狐狸。
毛色：毛发是黑色的，光彩照人。
每窝产崽数：4~8 只幼犬。

卡他豪拉犬

卡他豪拉犬属于北美的犬种之一，得名于美国路易斯安那州卡他豪拉教区，是最古老的犬种之一。它们有一个别名叫作卡他豪拉豹犬。这个品种最大的特点是聪明，常被用以捕猎。

描述：卡他豪拉犬体形中等，头部宽且扁平而非圆润。它们体格强壮，四肢骨骼有力，被毛很短，易于梳理和保养。

性情：这种犬非常独立，富有保护欲和领地意识。它们对主人和其家庭成员感情深厚，但对陌生人很疏远警惕。它们更喜欢户外环境，喜欢进行大量运动，非常适合做庄园、农场等有开阔空间的场地护卫犬。

统计

来源地：美国。
身高：56~66 厘米。
体重：25~36 千克。
寿命：12~13 年（84~91 犬龄）。
历史：关于这个品种的起源，有一种说法是，它们的祖先是獒犬和灵猩。
用途：猎犬。
毛色：绝大多数是黑色、灰色或白色。
每窝产崽数：4~8 只幼犬。

有趣的事实

1979 年，卡他豪拉犬被冠以路易斯安那州的“州犬”。

山地犬

繁育山地犬这种工作犬，是为了用来追捕小型猎物，有时捕猎熊、野猪等大型猎物也会使用它们。

描述：这种犬身材结实，肌肉发达。繁育过程中可人为选择短尾基因。山地犬的脑袋宽阔，两耳之间的面部非常扁平。

性情：由于天生聪慧，山地犬很容易被训练。它们性格开朗外向，从没得到过“性格凶恶”之类的差评。

有趣的事实

山地犬在1998年获得了美国联合养犬俱乐部的注册认证，主要在美国俄亥俄州、肯塔基州、弗吉尼亚州和田纳西州繁育。

统计

来源地：美国。
身高：45~66厘米。
体重：13~27千克。
寿命：12~16年（84~112犬龄）。
历史：最早由定居于弗吉尼亚、肯塔基和田纳西这几个州的欧洲移民带到美国。
用途：被用来看护家庭财产以及追捕猎物。
毛色：黄色、棕色带斑纹或黑色，常有白色斑点。
每窝产崽数：2~4只幼犬。

泰国脊背犬

这种古老的犬种来自泰国，直到近几年开始才在西方世界受到追捧。

描述：成年的泰国脊背犬体形中等，肌肉发达，脑袋呈楔形。

性情：泰国脊背犬喜欢到处奔跑。如果在幼犬时期就和它们培养感情，那么它们将是非常忠诚和通人性的宠物。泰国脊背犬有发达的追捕天性，且具备独立思考的能力。

统计

来源地：泰国。
身高：56~61厘米。
体重：23~34千克。
寿命：12~13年（84~91犬龄）。
历史：中世纪时期出现在泰国。
用途：泰国农民将它们用作护卫犬。
毛色：栗色、黑色、蓝色和银色等。
每窝产崽数：4~6只幼犬。

有趣的事实

泰国脊背犬最具辨识度的是那如山脊般突出的背部，这被认为是基因突变的产物。

大英法三色犬

大英法三色犬是三色普瓦图犬和猎狐犬的后代，被用来捕猎鹿和熊这样的大型猎物。

描述：大英法三色犬身体强壮结实，腿长，耳朵松软，尾巴像鞭子一般。

性情：和许多真正的猎犬一样，大英法三色犬天生有野性，并具有社群本能，并不适合作为宠物。

有趣的事实

大英法三色犬通常在农村地区大群饲养，不大可能很好地适应城市或家庭生活。

统计

来源地：法国。
身高：61~71厘米。
体重：34~35千克。
寿命：12~14年（84~98犬龄）。
历史：由三色普瓦图犬和猎狐犬杂交而成。
用途：主要用于打猎。
毛色：毛发为黑、白、棕三色。
每窝产崽数：4~7只幼犬。

瑞士猎犬

瑞士猎犬是一个古老的犬种，自罗马时代起就为人所知。它们以出色的猎兔技能而闻名，并因此备受推崇。

描述：它们体形中等大小，身体强壮有力。它们的头部很瘦，口鼻处很长。

性情：虽然这种犬对年龄大一点的孩子很好，但对小宝宝来说却略显粗暴。它们以天性勇敢和忠诚而闻名。

有趣的事实

阿道夫·希特勒就拥有一只这样的犬，并将它命名为"瑞士空军"。

统计

来源地：瑞士。
身高：45~58 厘米。
体重：14~20 千克。
寿命：12~14 年（84~105 犬龄）。
历史：这是一个古老的犬种，其起源可以追溯到罗马时代。
用途：被用来捕猎野兔。
毛色：有多种颜色，主要颜色有红色、白色、棕褐色和黄色。
每窝产崽数：4~8 只幼犬。

诺波丹狐狸犬

诺波丹狐狸犬是一个古老的犬种，以往被用作猎犬和农场的工作犬，现在也被当作宠物犬和伴侣犬。

描述：这是一种小到中型的犬种。它们身体结实，耳朵直立，有长长的口鼻和浓密的尾巴。

性情：它们可以很容易被训练从事特定工作，是一种顺从性很强的犬。有充沛的精力和良好的精神状态。

统计

来源地：瑞典。
身高：41~46 厘米。
体重：12~15 千克。
寿命：12~15 年（84~105 犬龄）。
历史：从 17 世纪开始被用作工作犬。
用途：打猎、农场工作犬和伴侣犬。
毛色：一般为白色，带有淡棕褐色或红色斑点。
每窝产崽数：4~6 只幼犬。

有趣的事实

诺波丹狐狸犬在瑞典以外几乎无人知晓。它们在 1948 年几乎绝迹，但此后数量得到增加。

格里芬·法福·德·布列塔尼犬

格里芬·法福·德·布列塔尼犬是原产于法国布列塔尼地区的嗅觉猎犬。

描述：这种犬体形中等，肌肉发达。有着独特的粗糙毛发，长耳朵和尾巴稍有弯曲。

性情：虽然是猎犬，但也是很好的家庭犬。格里芬·法福·德·布列塔尼犬在所有地形中都是优秀的猎犬，与人交往时也会表现出善于社交、重感情的特点。

有趣的事实

法国国王弗朗索瓦一世有一群格里芬·法福·德·布列塔尼犬。

统计

来源地：法国。
身高：48~56 厘米。
体重：12~19 千克。
寿命：10~14 年（70~98 犬龄）。
历史：最初是用来捕狼的猎犬，19 世纪狼的数量锐减后它们也几乎灭绝。
用途：用于猎狼和野猪。
毛色：毛发在浅黄褐色到金黄色，再到红色间变换。
每窝产崽数：4~8 只幼犬。

统计

来源地：克罗地亚、埃及。
身高：53~66 厘米。
体重：23~25 千克。
寿命：10~13 年（70~91 犬龄）。
历史：虽然世界犬业联盟承认这种犬源自克罗地亚，但它们却是在英格兰发展起来的。
用途：它们曾被用于保卫克罗地亚的边境。
毛色：最常见的斑纹是白色毛发上长着黑色或棕色斑点，其他更罕见的毛色包括蓝色（蓝灰色）、棕色带条纹、马赛克式拼色、三色（眉、面颊、腿和胸部有棕褐色斑点）、橙色或柠檬色（深黄色至浅黄色）。
每窝产崽数：6~9 只幼犬。

达尔马提亚犬

虽然对达尔马提亚犬的祖先所知甚少，但一些人认为这种犬源自达尔马提亚，这是克罗地亚的一部分。然而另有证据表明这种犬来自埃及。

描述：这是一种强壮、肌肉发达的大型犬。达尔马提亚犬的皮毛有些短，毛发又好又密，耳朵又细又尖。通常白色毛发上长着黑色或棕色斑点。

性情：当达尔马提亚犬受到良好的照顾和对待时，它们会成为主人的宠物。它们精力充沛，需要大量的关注。众所周知，这种犬很聪明，也很容易被训练。

有趣的事实

在 19 世纪，达尔马提亚犬经常被用作护卫犬和运输犬。

拉萨山羊犬

为了充当守卫，并提醒僧侣们提防入侵者，生活在寺院里的佛教僧侣们培育出了这一品种。拉萨山羊犬英文名字的意思是“长毛藏獒”。

描述：拉萨山羊犬有一层厚厚的直毛。皮毛既不像丝绸，也不像羊毛，有不同的颜色。这种犬会把尾巴高高地在背上卷起。

性情：它们对主人非常忠诚，但对陌生人却很警惕。

有趣的事实

拉萨山羊犬的深棕色皮毛随着年龄增长往往会变浅。

统计

来源地：中国西藏。
身高：25~27 厘米。
体重：6~7 千克。
寿命：15~18 年（105~126 犬龄）。
历史：人们相信，早在公元前 800 年，这种犬就在西藏出现了。
用途：最初是作为修道院僧侣的伴侣犬而培育的。
毛色：有各种各样的颜色，包括黑色、白色、金色、红色以及部分颜色带阴影色。
每窝产崽数：5~7 只幼犬。

法国斗牛犬

法国斗牛犬是英国斗牛犬的缩小版。它们的绰号有“法国小丑”“青蛙狗”。它们是一种很好的伴侣犬，但不适合户外生活。

描述：法国斗牛犬是一种非常强壮和紧凑的小型犬，有一个大方脑袋，前额是圆形的。它们的双眼相距很远，颜色通常为深色。

性情：因为性格多情，贪玩而警觉，这是一种令人愉快、有趣的伴侣犬。个性非常滑稽，喜欢和主人待在一起。它们性情友好，也能与其他动物和陌生人友好相处。

来源地：法国。
身高：25~30 厘米。
体重：9~13 千克。
寿命：10~12 年（70~84 犬龄）。
历史：人们认为这种犬起源于 19 世纪的英国诺丁汉。
用途：目前被用作伴侣犬。
毛色：棕色带条纹色、浅黄褐色、白色和棕色带条纹与浅黄褐色或白色组合色。
每窝产崽数：2~5 只幼犬。

统计

有趣的事实

因为法国斗牛犬的体形很小，所以通常被称为玩赏斗牛犬。

克罗福兰德犬

克罗福兰德犬由另外两种犬种交配而成，这两个犬种可能是猎狐㹴和大巴塞特·格里芬·旺代犬。

描述：克罗福兰德犬是一种小型犬，皮毛有各种类型，可能短而光滑，也可能长而光滑，还可能是刚硬的皮毛。

性情：它们充满活力，作为伴侣犬和家庭犬很受欢迎，但在陌生人面前很矜持。它们也是很好的步行犬，很容易受控制。

有趣的事实

来自锡根镇附近的克罗姆·福尔地区的伊尔泽·施莱芬鲍姆决定培育这一品种，因为有一窝幼犬的形状和颜色都出人意料地一致。

统计

来源地：德国。
身高：38~46 厘米。
体重：11~16 千克。
寿命：14~16 年（98~112 犬龄）。
历史：1945 年后开始培育，1955 年被承认。
用途：伴侣犬和家庭犬。
毛色：通常为白色，带有棕褐色斑点。
每窝产崽数：7~9 只幼犬。

柴犬

柴犬是日本六种犬中体形最小的。培育这种古老的品种是为了协助狩猎，它们很适合山区地形。

描述：这种犬肌肉发达，有紧凑的身体和双层皮毛。母犬看起来比公犬身体线条更流畅。

性情：这是一种聪明的犬。个性独立，有必要从小培养。它们有很强的猎捕欲望，对熟悉的人很有感情。

有趣的事实

柴犬在不高兴或被激怒时，会发出尖厉的叫声，这就是所谓的“柴犬的尖叫”。

统计

来源地：日本。
身高：35~41 厘米。
体重：8~11 千克。
寿命：12~13 年（84~91 犬龄）。
历史：最近通过 DNA 分析发现，这种犬的起源可追溯到公元前 3 世纪。
用途：最初是为了狩猎和驱赶小猎物而培育的。
毛色：红色、黑色和棕褐色、芝麻色（红色带黑色毛尖），底层皮毛有奶油色、浅黄色或灰色。
每窝产崽数：2~3 只幼犬。

卷毛比熊犬

卷毛比熊犬是比熊犬的一种。它们外表与马耳他犬非常相似，但体形稍大。水手们过去常把它们当作伴侣犬，所以这个犬种被引进到了大多数大陆。

描述：这种犬的头骨是圆的，腿和头的大小与体形成比例。

性情：卷毛比熊犬性格开朗活泼，以贪玩、亲切闻名。它们很聪明，是很好的家庭犬。

来源地：西班牙、比利时、加拿大。
身高：22~30 厘米。
体重：3~6 千克。
寿命：12~13 年（84~91 犬龄）。
历史：是巴贝犬或水獚和标准贵宾犬的后代。
用途：被作为伴侣犬而培育。
毛色：毛色为纯白色、杏色或灰色。
每窝产崽数：4~6 只幼犬。

有趣的事实

卷毛比熊犬有时会能量突然爆发，这时候通常被称为“奔忙比熊”或“闪电比熊”。

波士顿㹴

波士顿㹴是以它们生长的城市波士顿命名的，它们也曾被称为美国斗牛㹴。

描述：波士顿㹴外表自信，步态优雅，身材匀称。它们的毛发很短，有光泽，质地细腻而光滑。

性情：这种犬很聪明，性情温和，温柔活泼。对孩子很好，对主人也很亲切。它们很聪明，是很容易被驯养的犬种。

有趣的事实

1979 年，波士顿㹴被认为是马萨诸塞州的“州犬”。

统计

来源地：美国。
身高：38~43 厘米。
体重：4~11 千克。
寿命：12~15 年（84~105 犬龄）。
历史：1870 年前后，斗牛犬和斗牛㹴杂交，出现了这一犬种。
用途：被作为伴侣犬而培育。
毛色：颜色包括浅黄褐色，某些部位带白色斑点和条纹，带黑色和白色也可视为颜色变体被接受。
每窝产崽数：3~4 只幼犬。

斗牛犬

牛头犬最具特色的是它们那布满皱纹的脸，而它们特有的塌鼻子则是它们的另一个特征。

描述：这种犬肩膀和头部较宽。前额皮肤上有厚厚的皱褶，口鼻处很短。嘴唇下垂，牙齿尖尖的。

性情：牛头犬不需要太多运动，能很好地适应公寓里的生活。它们天性友好，但可能会有点任性。

有趣的事实

有些斗牛犬在没有人陪伴的时候，甚至不会冒险走出自己的花园。

统计

来源地：英国英格兰。
身高：30~40 厘米。
体重：23~25 千克。
寿命：7~12 年（49~84 犬龄）。
历史：这种犬是 700 多年前参与“纵狗咬牛”运动的犬的后代。
用途：最初是用来参与“纵狗咬牛”运动的。
毛色：红色、浅黄褐色、白色、棕色带条纹（混合色，通常毛色呈波浪形或不规则的条纹）和花斑色。
每窝产崽数：4~5 只幼犬。

松狮犬

这是非常古老的犬种，松狮犬可能已经存在了几千年，因为在挖掘中国古代陶器的时候，发现了类似这种犬的骨头。

描述：这种犬又大又壮，有个大脑袋，牙齿咬合在一起时如剪刀一般。

性情：它们性格彬彬有礼，需要在很小的时候就进行社会化训练。

统计

来源地：中国。
身高：45~56 厘米。
体重：20~32 千克。
寿命：10~15 年（70~105 犬龄）。
历史：最古老的犬种之一。据研究，这是一种由狼进化而来的原始犬种。
用途：现在一般被作为宠物饲养。
毛色：毛色有纯黑色、红色、蓝色、肉桂色和奶油色。
每窝产崽数：5~7 只幼犬。

有趣的事实

松狮犬的名字可能来源于洋泾浜的英语单词“chowchow”，这个词是指从远东带回的所有零星物品的总称。

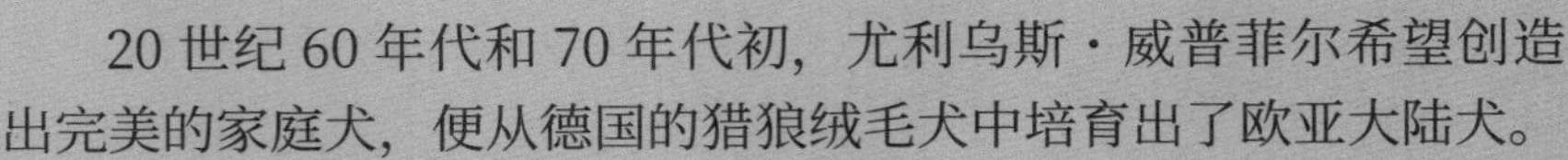

欧亚大陆犬

20 世纪 60 年代和 70 年代初，尤利乌斯·威普菲尔希望创造出完美的家庭犬，便从德国的猎狼绒毛犬中培育出了欧亚大陆犬。

描述：欧亚大陆犬的体形匀称，肌肉发达，中等身材。它们的毛皮很厚实，非常适合户外活动。

性情：这种犬既聪明热情又能保持平和安静。

有趣的事实

尤利乌斯·威普菲尔用三种犬创造出了欧亚大陆犬，最开始是用猎狼狐狸犬和松狮犬杂交，然后又添加了萨摩耶犬。

统计

来源地：德国。
身高：52~60 厘米。
体重：23~32 千克。
寿命：约 11~13 年（77~91 犬龄）。
历史：从 20 世纪 60 年代开始被培育，1973 年被正式承认。
用途：一种多用途家庭犬。
毛色：包括浅黄褐色、红色、灰色、白色、黑色和棕褐色的各种混合色。
每窝产崽数：7~9 只幼犬。

埃洛犬

人们选择并培育这种犬的主要目的，是为了创造更好的家庭宠物犬。埃洛犬培育和研究协会致力于监督这种犬的培育过程。

描述：由于培育埃洛犬时是以它们的行为为基础的，因此这些犬的外观各不相同。埃洛犬的身长要比身高的长度更长，它们有一条蓬松的尾巴在背上卷起来。

性情：埃洛犬善于交际，精力充沛，有爱心，活泼。

有趣的事实

埃洛犬的名字来自三种犬——欧亚大陆犬、古代英国牧羊犬和松狮犬的德文名，埃洛犬正是由这三种犬培育出来的。

统计

来源地：德国。
身高：45~61 厘米。
体重：21~34 千克。
寿命：12~14 年（84~105 犬龄）。
历史：1987 年在德国被培育出来，是一个新犬种。
用途：被培育成完美的宠物犬和伴侣犬。
毛色：颜色有浓淡不一的白色、灰色和黄色，脸上像带着“面具”。
每窝产崽数：4~7 只幼犬。

史奇派克犬

史奇派克犬是大牧羊犬鲁纹纳犬的后代，与比利时牧羊犬的血统相同。这个犬种体形较小，后来成为最受比利时运河驳船船主喜爱的犬种。

描述：它们体形较小，像狐狸一样。口鼻处略短于头骨长度。鼻子又小又黑，耳朵又高又尖，呈三角形。它们有着厚厚的双层皮毛。

性情：史奇派克犬是速度快捷、精力充沛的小狗。它们非常聪明、机警和富有好奇心，总是在交朋友，对其他动物很友好。它们对家庭特别是对孩子非常忠诚。

统计

来源地：比利时。
身高：25~33 厘米。
体重：5~8 千克。
寿命：12~15 年（84~105 犬龄）。
历史：19 世纪 80 年代，被正式确认。
用途：第二次世界大战期间，这种犬被用于向比利时抵抗运动组织传递消息。
毛色：黑色是常见的颜色，但在某些情况下也能看到棕褐色和棕色。
每窝产崽数：3~7 只幼犬。

有趣的事实

19 世纪，一位名叫瑞森的运河船长在佛兰德斯培育了史奇派克犬。

凯斯犬

凯斯犬起源于北极，也被北方部落称为“人类之犬”。

描述：这种犬身材紧凑，头部大小比例适当，口鼻部长度中等。它们的外层毛发粗糙，内层绒毛浓密柔和。

性情：凯斯犬非常重感情，忠诚。它们没有被培育成猎犬或攻击犬，仅被培育成伴侣犬。

有趣的事实

在法国大革命初期，凯斯狗被用作荷兰爱国者政党的象征。

统计

来源地：荷兰、德国。
身高：43~48 厘米。
体重：25~30 千克。
寿命：12~15 年（84~105 犬龄）。
历史：18 世纪，荷兰爱国者科尼里斯·德·吉赛尔用自己的名字命名了这种犬。
用途：被用作护卫犬。
毛色：深浅不一的灰色，带黑色毛尖色。
每窝产崽数：4~6 只幼犬。

芬兰狐狸犬

这种犬最初被称为芬兰吠鸟犬，因为它们在狩猎过程中，会把头朝着猎物的方向发出一种特殊的吠叫声。

描述：这种犬看起来像一只狐狸，身体肌肉发达。它们的口鼻处很窄，鼻子和嘴唇都是黑色的。

性情：芬兰狐狸犬善交际，个性友好，求知欲强。除了众所周知的狩猎技能，它们也是很好的伴侣犬，特别是对儿童和老人来说。

有趣的事实

芬兰狐狸犬被认为是芬兰的国犬。

统计

来源地：芬兰。
身高：38~51 厘米。
体重：14~16 千克。
寿命：12~15 年（84~105 犬龄）。
历史：出现在几百年前，当时人们选择性地繁殖俄罗斯中部的绒毛型犬。
用途：被用作狩猎时的伴侣犬。
毛色：毛色有深浅各异的金黄色、红色和棕色。
每窝产崽数：3~5 只幼犬。

沙皮犬

这种犬最具特色的两个特征是它们深深的皱纹和蓝黑色的舌头。沙皮犬是中国土生土长的犬种，中文名字翻译为“沙皮”，因为它们的皮毛短而粗糙。

描述：这种犬的口鼻形状像河马的口鼻。它们耳朵是三角形的，很小。尾巴竖得很高，并逐渐变细。

性情：这种犬是理想的家庭宠物。性格平静友爱。它们很忠诚，对陌生人也很友好。但如果有人不受它的主人欢迎，它们也会表现出敌意。

统计

来源地：中国。
身高：45~74 厘米。
体重：25~29 千克。
寿命：12~13 年（84~91 犬龄）。
历史：在中国已经存在了几个世纪，原产于广东省。
用途：被作为护卫犬培育。
毛色：红色、红黄褐色、黑色、黑银貂色、黑青铜貂色、紫貂色、奶油色、蓝色、淡奶油色、淡杏色、巧克力色、淡巧克力色、淡紫色。
每窝产崽数：4~6 只幼犬。

有趣的事实

《时代》杂志和《吉尼斯世界纪录大全》将沙皮犬列为世界上最稀有的犬种。

劳臣犬

据说劳臣犬与卷毛比熊犬有关，但人们对它们的历史仍然很不清楚。这是一个非常古老的品种，早在 16 世纪就为人所知。

描述：劳臣犬体形小，多被作为玩赏犬注册。它们有一个宽嘴巴，棕色眼睛生动有神，耳朵下垂。它们的毛又长又滑。

性情：劳臣犬以友善、快乐的个性著称。这是一种优秀的宠物，因为它们好玩又有个性。

有趣的事实

早在 16 世纪，劳臣犬就被贴上了“小狮子狗”的标签出现在许多绘画作品中。

统计

来源地：德国。
身高：25~33 厘米。
体重：4~8 千克。
寿命：12~14 年（84~98 犬龄）。
历史：据说起源于 16 世纪，与卷毛比熊犬有关系。
用途：被用作伴侣犬。
毛色：主要是白色、黑色和柠檬色。
每窝产崽数：3~6 只幼犬。

西藏㹴

最先看到这种犬的欧洲人想到了欧洲大陆上的㹴犬，就以㹴犬这个名字来称呼它们，但这种犬并不属于㹴犬。目前尚不清楚该品种的起源和演化方式。

描述：西藏㹴体形中等，身体强壮。它们的身体是方形的，浑身毛茸茸的。尾巴像羽毛一样高高地从身后卷起。

性情：西藏㹴性情温和，贪玩，可以成为忠诚的伴侣犬。它们也非常聪明，生来重感情。它们个性活泼，很容易成为家庭的一部分。

有趣的事实

西藏㹴在西藏很受重视，从来不会被出售，只作为礼物送给受尊敬的人。

统计

来源地：中国西藏。
身高：35~43 厘米。
体重：8~14 千克。
寿命：12~15 年（84~105 犬龄）。
历史：这是个古老的犬种，为其他西藏犬种的发展做出了贡献。
用途：用于放牧、护卫和陪伴。
毛色：有多种颜色和花纹。
每窝产崽数：5~8 只幼犬。

西藏猎

这个品种起源于西藏山区。虽然它们的名字是西藏猎，但实际上并不是真正的猎犬。

描述：西藏猎脑袋小，头身比例适当，头顶圆圆的，口鼻处是钝的。它们的脚像野兔的脚一样。它们有丝滑的双层毛皮和毛茸茸的尾巴。

性情：这种犬很聪明，也很有主见，是一种很好的玩赏犬，也可以被训练成很好的看家犬。它们个性活泼快乐，既贪玩又活跃。

统计

来源地：中国西藏。
身高：25~30 厘米。
体重：4~7 千克。
寿命：12~15 年（84~105 犬龄）。
历史：原产于西藏，人们认为它们是来自中国的狗。
用途：有时被用于放牧。
毛色：浅黄褐色、红色、金色、奶油色、白色、黑色等，脚上通常有白色斑纹。
每窝产崽数：3~6 只幼犬。

有趣的事实

西藏猎可能患有第三眼睑脱垂，这种情况被称为“樱桃眼”。

挪威伦德洪犬

挪威伦德洪犬是世界上最稀有的犬种之一，也是绒毛犬家族的一员。几个世纪以来，它们一直被用来捕猎海雀。

描述：挪威伦德洪犬短而小，有一些很奇怪的特征——与其他犬不同的是，它们每只脚上有 6 个脚趾和 2 个悬趾（拇指）。

性情：众所周知，挪威伦德洪犬非常友好，从不好斗，它们会与人或其他动物亲密接触几个小时。因为它们好玩的个性，它们可以成为儿童理想的宠物。

有趣的事实

挪威伦德洪犬颈部的一个额外关节可以让它们的头转过 180 度。

统计

来源地：挪威。
身高：30~38 厘米。
体重：6~9 千克。
寿命：10~12 年（70~84 犬龄）。
历史：据传起源于挪威北部的维罗哥和罗斯特。
用途：用于捕猎海雀和它们的卵。
毛色：黑色或灰色，带有白色斑点。
每窝产崽数：2~3 只幼犬。

有趣的事实

韩国金多犬后腿非常强壮，可以跳到 1.8 米多高。

韩国金多犬

这是一种猎犬，原产于韩国金多岛。虽然它们因为个性勇敢在韩国颇受欢迎，但在世界其他地方却不是很出名。

描述：这是一种绒毛犬型的狗，有双层毛发，体形中等大小。母犬的头比公犬的头更有棱角。

性情：人们形容韩国金多犬敏锐而警觉，它们也以聪明、健壮广为人知。它们对主人忠心耿耿，天性温柔。

统计

来源地：韩国。
身高：45~63 厘米。
体重：16~23 千克。
寿命：12~13 年（84~91 犬龄）。
历史：几个世纪前，这种犬最初在韩国西南部的金多岛被培育。
用途：被用作猎犬。
毛色：皮毛颜色有白色、黄色、红色、红色和白色、棕褐色、棕褐色和白色、黑色、黑色和棕褐色以及棕色带条纹。
每窝产崽数：4~8 只幼犬。

德国绒毛犬

有些人声称，德国绒毛犬是石器时代古代绒毛犬的直系后代。

描述：德国绒毛犬有着蓬松的鬃毛和棕色的大眼睛。腿是身体上唯一没有被毛发覆盖的地方。一簇与众不同的毛发覆盖它们的尾巴。

性情：这个犬种以开朗的性格和需要被关注而闻名。它们的吠叫是个问题，因为它们的叫声会持续很长时间，而且声音很大。

统计

来源地：德国。
身高：40~43 厘米。
体重：17~18 千克。
寿命：13~15 年（91~105 犬龄）。
历史：人们认为这一犬种是某个中欧最古老犬种之一的后代。

毛色：黑色、白色、棕色、棕褐色和紫貂色。
每窝产崽数：2~4 只幼犬。

有趣的事实

众所周知，维多利亚女王是德国绒毛犬的虔诚爱好者。

有趣的事实

美国爱斯基摩犬通常被称为“爱斯基摩犬”。

美国爱斯基摩犬

因为巡回马戏团著名的钢丝表演，美国爱斯基摩犬在 20 世纪二三十年代非常流行。

描述：这种犬的体形中等大小，身材健壮，牙齿坚固，上下牙能像剪刀一般紧密咬合。

性情：美国爱斯基摩犬以智慧和陪伴闻名。它们以最大的忠诚和献身精神保卫家人，被认为是理想的家庭宠物。

统计

来源地：德国 / 美国。
身高：38~43 厘米。
体重：8~16 千克。
寿命：12~15 年（84~105 犬龄）。
历史：原产于德国，被殖民者带到了美国。
用途：保护人和财产。
毛色：白色。
每窝产崽数：4~6 只幼犬。

英国可卡猎

人们对英国可卡猎的喜爱可以追溯到很久以前，早在 500 多年前，这种犬就在文献中被提及，并在艺术中被描绘过。

描述：英国可卡猎是一种身体强壮、身材匀称的犬。它们的眼睛是黑色的。它们有叶状的耳朵，当把两只耳朵向前拉时，长度稍微超过鼻尖。

性情：英国可卡猎非常敏感，这种犬以令人愉快、聪明、活泼、温柔和深情而闻名，它们能与其他的狗、家庭宠物和儿童和睦相处。

有趣的事实

英国诗人伊丽莎白·巴雷特·勃朗宁曾经养过一只英国可卡猎作为宠物，它的名字叫“奔流”。

统计

来源地：英国英格兰。
身高：38~43 厘米。
体重：12~15 千克。
寿命：12~15 年（84~105 犬龄）。
历史：人们认为这种犬已经存在 500 多年了。
用途：被用来玩那种飞奔出去，取回物品的游戏。
毛色：黑色，猪肝色带棕色沉着色素，红色带黑色或棕色沉着色素，金色带黑色或棕色沉着色素。
每窝产崽数：1~7 只幼犬。

克伦伯猎

克伦伯猎的祖先来自三个犬种：巴塞特猎犬、阿尔卑斯猎和圣伯纳犬，虽然没有证据能证明这一点。

描述：这种犬身材粗壮，腿短。它们有个大脑袋，上下牙齿咬合在一起时如剪刀一般。

性情：虽然这种犬成熟后并不十分活跃，但它们可爱又聪明，很有爱心，行为规矩。

有趣的事实

克伦伯的名字来自纽卡斯尔公爵 3 800 英亩的地产，它位于英格兰诺丁汉郡的克伦伯公园。

统计

来源地：法国 / 英国。
身高：40~51 厘米。
体重：25~38 千克。
寿命：10~13 年（70~91 犬龄）。
历史：可能原产于法国。19 世纪，纽卡斯尔公爵将这种犬带回了他在英格兰的克雷特庄园。
用途：被培育成枪猎犬。它们身体强壮到足以推倒浓密的矮树丛，冲出去取回猎物。
毛色：虽然毛发大多为白色，也有柠檬或橙色的斑纹。
每窝产崽数：2~8 只幼犬。

巴贝犬

巴贝犬是一种稀有的法国水犬，它们是一种强有力的犬种。其起源无可考证，且目前濒临灭绝。“巴贝”得名于一个发音相似的法语单词“Barbe”，意思是“胡子”！在过去的几百年中，巴贝犬被猎人们用来捕猎水禽，后来在它们的职责中又增加了牧牛和护卫。

描述：巴贝犬的颈部短而强壮。丰厚的被毛是这种犬的标志，这对生活在严寒气候且需要下水捕猎的巴贝犬来说是非常理想的。

性情：这种犬聪明，很容易被训练。它们总是快活自在，无忧无虑，玩接东西游戏可以玩好几个小时。它们特别喜欢和孩子一起玩耍，因此是很好的家庭犬。

统计

来源地：法国。
身高：55~71 厘米。
体重：32~54 千克。
寿命：13~15 年（91~105 犬龄）。
历史：这是历史悠久的法国水犬，且被认为是美国水猎和葡萄牙水犬的祖先。
用途：充当水手的伴侣犬。
毛色：常为黑色、棕色、灰色、浅黄褐色以及浅黄褐色和紫貂色。
每窝产崽数：6~9 只幼犬。

有趣的事实

巴贝犬的毛色总是与它们的鼻子的颜色一致。

斯塔比嚎犬

斯塔比嚎犬原产于荷兰北部的弗里斯兰省。这种犬非常罕见，估计现存仅有 3 500 只。

描述：它们身体结实，并以其强健的体魄和直背而闻名。

性情：它们的性格友好，有耐心，会努力取悦主人。这种犬对儿童和其他动物都很宽容。

有趣的事实

由于身体强壮，斯塔比嚎犬中体形较大的通常会被选出，在冬天拉雪橇。

统计

来源地：荷兰。
身高：48~53 厘米。
体重：18~25 千克。
寿命：13~14 年（91~98 犬龄）。
历史：起源于 19 世纪的荷兰。
用途：被用作追踪犬，也是很好的看家犬。
毛色：黑色、棕色和橙色，带有白色斑纹。
每窝产崽数：6~11 只幼犬。

美国可卡猎

1878 年，第一只可卡猎在美国注册，它们是由 17 世纪被带到美国的英国猎培育而来的。

描述：这是运动犬中体形最小的犬种。它们的皮毛长而柔滑，鼻子翘起，耳朵低垂。

性情：20 世纪中叶的一项智商测试显示，美国可卡猎最好的品质是表现出的克制力和对刺激延迟反应的能力，这显示出它们具有较强的狩猎本能。

统计

来源地：美国。
身高：35~40 厘米。
体重：7~14 千克。
寿命：12~15 年（84~105 犬龄）。
历史：培育自英国可卡猎，1620 年乘坐“五月花号”轮船抵达美洲，并在新英格兰登陆。
用途：家庭宠物和工作犬。
毛色：黑色、棕色和棕褐色。
每窝产崽数：1~7 只幼犬。

有趣的事实

“Spaniel”这个名字被认为可以追溯到 11 世纪初，指一种从西班牙进口到英国的犬。

葡萄牙指示犬

葡萄牙指示犬最初是由皇家犬舍饲养的犬种，后来被较低社会等级的人用作猎犬。

描述：这是一种中型犬，有着方形的身材，其尾巴一般会在其应正常生长的自然长度的一半或三分之二处被人工剪掉。

性情：这种犬情感丰富、友好和细心。它们不仅是好猎犬，而且由于天性顺从、善良并具有服从性，也是非常好的宠物犬。

有趣的事实

数百年来，葡萄牙指示犬都有着同样的方脑袋和三角形耳朵。

统计

来源地：葡萄牙。
身高：51~61 厘米。
体重：16~27 千克。
寿命：12~14 年（84~98 犬龄）。
历史：起源于 12 世纪的葡萄牙。
用途：被用来猎捕灰鹧鸪。
毛色：毛色有黄色或浅棕色，带白色斑纹。
每窝产崽数：7~9 只幼犬。

阿里埃日指示犬

这种犬是由阿里埃日地区的猎人培育出来的，它们由古代法国指示犬和来自法国南部的橙白相间的指示犬杂交而成。

描述：这种犬非常强壮，以其出色的嗅觉而闻名。厚实柔软的毛发覆盖着头部，身上的毛发短而光滑。

性情：作为优秀的护卫犬和猎犬，阿里埃日指示犬性格全面，这使它们成为理想的宠物。

有趣的事实

阿兰·德泰率领育种小组帮助确保这一犬种在1990年得以延续。

统计

来源地：法国。
身高：58~66厘米。
体重：25~30千克。
寿命：12~13年（84~91犬龄）。
历史：是猎人在法国西南部比利牛斯山脉的阿里埃日地区培育的犬种。
用途：被用作猎犬和警犬。
毛色：主要为白色，有橙色和栗色斑点。
每窝产崽数：4~7只幼犬。

博伊金猎

博伊金猎是美国南卡罗莱纳州的“州犬”，身材中等大小。人们为了让它们捕食南卡罗莱纳州的瓦特里河沼泽中的野生火鸡而培育了这种猎犬。

描述：这个犬种比英国可卡猎的体形大。它们有明亮的眼睛和相对较短的皮毛。

性情：这种犬热爱户外活动，能在家庭环境中茁壮成长。它们个性友好，很容易被训练。

统计

来源地：美国。
身高：38~46厘米。
体重：11~18千克。
寿命：14~16年（98~112犬龄）。
历史：20世纪在美国南卡罗莱纳州培育的犬种，是枪猎犬的后代。
用途：被作为狩猎犬而培育。
毛色：毛色从明亮的金色到暗琥珀色。
每窝产崽数：5~7只幼犬。

有趣的事实

博伊金猎这种水猎是为了适应美国东南部炎热潮湿的环境而培育的。

意大利布拉可犬

这是一种多才多艺的枪猎犬，原产于意大利，传统上被用于指示、寻回和跟踪。

描述：这种犬身材结实，肌肉发达。它们最突出的特点是悬垂在下巴和颈部的皮肤。

性情：这种犬以情感丰富著称，是一种忠诚、随和、聪明的犬。由于性格温和，它们也是非常平和的家养宠物。

有趣的事实

意大利布拉可犬是一个古老的犬种，出现在4世纪和5世纪的绘画和著作中。

统计

来源地：意大利。
身高：56~66厘米。
体重：25~40千克。
寿命：12~13年（84~91犬龄）。
历史：是意大利塞古奥犬和亚洲獒犬杂交的结果。
用途：猎犬和伴侣犬。
毛色：有两种颜色，伦巴德指示犬是棕色和白色的，皮埃蒙特指示犬是橙色和白色的。
每窝产崽数：3~5只幼犬。

布列塔尼犬

这种犬以法国布列塔尼省命名。它们看起来很像威尔士斯普林格猎，这两种犬很可能有亲缘关系。有些人觉得它们更像赛特犬，而不像猎犬。

描述：这是体形中等大小的犬，身材好，腿长。它们的头部是楔形的，牙齿咬合起来像剪刀一般锋利。

性情：这是一种聪明的猎犬。布列塔尼犬很容易被打理和进行狩猎训练。它们被认为是一种非常快乐、警觉、有爱心和温柔的动物。

有趣的事实

布列塔尼犬可以轻易适应任何地形和天气条件。

统计

来源地：法国。
身高：43~53 厘米。
体重：16~18 千克。
寿命：10~14 年（70~98 犬龄）。
历史：对此种犬的首次记录出现在 17 世纪的挂毯和绘画上。
用途：用于狩猎。
毛色：毛发颜色从橙白色、猪肝色和白色、黑色和白色、猪肝色三色和黑色三色不等。有的带有清晰的斑纹，或带有些许细纹。
每窝产崽数：6~8 只幼犬。

墨累河卷毛寻回犬

墨累河把自己的名字送给了这个犬种。这种犬曾在澳大利亚的维多利亚地区颇受欢迎，但随着射击鸭子的运动减少，对这种犬的需求也少了。

描述：作为寻回犬，这种犬的体形很小。它们皮毛松散而卷曲，可能是紧实的或是波浪状的。腿很短，耳朵就像猎犬一样。

性情：这种犬对主人和财产有很强的保护意识，它们忠心耿耿，但没有攻击性。它们能与其他犬和睦相处。

统计

来源地：澳大利亚。
身高：63~69 厘米。
体重：18~24 千克。
寿命：9~14 年（56~98 犬龄）。
历史：澳大利亚东南部的土生土长的犬种，起源于 19 世纪。
用途：被作为一种追鸭子的工作犬而培育。
毛色：所有犬的皮毛都是猪肝色的。
每窝产崽数：7~10 只幼犬。

有趣的事实

墨累河卷毛寻回犬虽然看起来很需要梳理皮毛，但其实并不是必需的，因为它们的毛发会在夏天脱落。

拉布拉多寻回犬

拉布拉多寻回犬是 17 世纪在纽芬兰培育的犬种，19 世纪初被带到英国。多才多艺的天性和温顺的性格使拉布拉多寻回犬成为当今最受欢迎的家庭宠物犬之一。

描述：这种犬中等身材，强壮，有运动能力，平衡性良好。

性情：它们因天性非常聪明而闻名，这也是它们很容易被训练的原因。它们忠诚、重感情，是非常可靠的犬种。众所周知，有了人类的陪伴和关注，拉布拉多寻回犬就能茁壮成长。

有趣的事实

拉布拉多寻回犬喜欢把物体叼在嘴里。它们性格温柔，能把一枚鸡蛋含在嘴中而不打破它。

统计

来源地：英国纽芬兰。
身高：56~61 厘米。
体重：27~34 千克。
寿命：12~13 年（84~91 犬龄）。
历史：17 世纪圣约翰水犬的后代。
用途：最初是用来帮助渔民把渔网拖上岸的工作犬，但现在被用作枪猎犬、警用的嗅探犬和向导犬。
毛色：毛发颜色为纯黑色、黄色或巧克力色。
每窝产崽数：4~8 只幼犬。

捷克福斯克犬

第一次世界大战前，捷克福斯克犬是捷克和斯洛伐克使用最广泛的硬毛指示犬。

描述：这是种中等体形的指示犬，个性很强。它们的毛很短，摸起来很粗糙。

性情：它们精力充沛，目标是取悦他人。众所周知，这种犬非常聪明，性格开朗。它们非常合群，不喜欢独自待着，喜欢和家人在一起。

有趣的事实

若得到适当训练，捷克福斯克犬能成为完美的伴侣犬。它们喜欢吠叫，对陌生人很矜持。

统计

来源地：捷克。
身高：58~66 厘米。
体重：28~34 千克。
寿命：12~15 年（84~105 犬龄）。
历史：被认为是古老的品种，关于此犬种的标准写于 19 世纪。
用途：被用作枪猎犬。
毛色：毛发颜色主要是黑白杂色和棕色，在胸部或下肢可以看到棕色小斑块。
每窝产崽数：5~7 只幼犬。

切萨皮克海湾寻回犬

1807 年冬天，两只纽芬兰小狗在一次海难后获救，并与当地的寻回犬交配，这次繁殖产生了这种耐力和热情都很优异的寻回犬。

描述：这种犬身体强壮。皮毛短、浓密，呈波浪状并具有油性，这使它们的毛发能够防水。

性情：这种犬很聪明，人们认为这种犬非常勇敢，顺从性强。它们也是非常重感情、有爱心和待人友好的犬种。

统计

来源地：美国。
身高：58~66 厘米。
体重：29~36 千克。
寿命：10~12 年（70~84 犬龄）。
历史：起源于 19 世纪初，是纽芬兰犬与当地的寻回犬繁殖的结果。
用途：是作为寻回犬培育的。
毛色：毛色包括棕色、红色、莎草棕或棕褐色。在某些情况下，在狗的乳房、腹部、脚趾或脚后部有小白点。
每窝产崽数：8~10 只幼犬。

有趣的事实

人们都知道，切萨皮克海湾寻回犬在接近冰点的水域里一天就能捕到数百只鸟。

布拉克·奥弗涅犬

布拉克·奥弗涅犬原产于法国中部的奥弗涅山区，是一种古老的猎犬，也是一种全能枪猎犬。

描述：这是一种非常强壮的犬，头大，耳朵长，皮毛短而有光泽。它们的头和耳朵总是黑色的。

性情：布拉克·奥弗涅犬性格活泼敏感，听话温顺。它们聪明善良，愿意与自己的主人密切合作。

有趣的事实

当锻炼布拉克·奥弗涅犬时，必须记住它们需要那种可以让身体、头脑和鼻子都参与的活动。

统计

来源地：法国。
身高：56~61 厘米。
体重：22~28 千克。
寿命：12~13 年（84~91 犬龄）。
历史：前身是古老的地方猎犬。
用途：被作为指示犬和多才多艺的枪猎犬而饲养。
毛色：皮毛大部分为白色，有黑色的斑点。
每窝产崽数：3~6 只幼犬。

卷毛寻回犬

通常被人简称为“卷毛”。卷毛寻回犬最初是在英国繁殖的猎鸟和水禽的狩猎犬。

描述：这种犬肌肉发达，身体表面覆盖着大量紧密的卷发，因此显得腿长。

性情：卷毛寻回犬在许多国家仍被用作猎鸟时的伴侣犬，但与大多数寻回犬一样，它们也因活泼热情的个性成为受人喜爱的宠物。

有趣的事实

在所有的寻回犬中，卷毛寻回犬的身材最高。

统计

来源地：英国。
身高：63~69 厘米。
体重：29~36 千克。
寿命：12~13 年（84~91 犬龄）。
历史：被认为是寻回犬中最古老的，从 19 世纪开始就在英国被使用。
用途：用作伴侣犬和枪猎犬。
毛色：只可接受的毛色是纯黑色或棕色。
每窝产崽数：7~8 只幼犬。

东西伯利亚莱卡犬

这种俄罗斯犬是绒毛犬的一种，是起源于西伯利亚东部贝加尔湖附近地区的猎犬。

描述：这种犬身材苗条，又高又瘦。它们身上有趣的特征是头的形状。

性情：当面对体形比它们大的掠食者时，这种犬非常好斗。但在人类周围时，它们显得性情温和。

统计

来源地：俄罗斯。
身高：55~63 厘米。
体重：18~22 千克。
寿命：10~12 年（70~84 犬龄）。
历史：人们相信这种犬源自俄罗斯伊尔库茨克省的贝加尔湖附近。
用途：用于狩猎。
毛色：黑色和棕褐色，有浅色斑块（称为卡拉米斯）、灰白色、花斑色，白色带花斑点、白色、灰色、黑色、红色和棕色。
每窝产崽数：4~7 只幼犬。

有趣的事实

阿布拉莫夫制定了这种犬的繁育标准，在伊尔库茨克和列宁格勒（现圣彼得堡）的政府犬舍开始了系统繁育。

西西伯利亚莱卡犬

俄罗斯乌拉尔和西伯利亚地区的土著居民把西西伯利亚莱卡犬培育成了猎犬。20 世纪 20 年代，人们开始将这种犬培育成现代猎犬。

描述：这种犬的头是三角形的，耳朵又尖又高。它们的身体宽厚而强壮。

性情：这种犬与主人的关系非常密切。当它们与主人一起捕猎大型猎物时，如果遭遇猎物袭击，它们会保护主人。

有趣的事实

直到 1947 年，西西伯利亚莱卡犬才被承认是俄罗斯的一个新犬种。

统计

来源地：俄罗斯。
身高：53~61 厘米。
体重：18~23 千克。
寿命：10~12 年（70~84 犬龄）。
历史：俄罗斯汗图和曼西地区的猎人为了工作，特别培育了这个犬种。
用途：被用来捕猎动物，如松鼠。
毛色：毛色为白色、棕褐色、红色、白色和黑色，也可以是上述颜色的组合。
每窝产崽数：4~8 只幼犬。

英国赛特犬

英国塞特犬是由一位名叫爱德华·拉韦拉克爵士的饲养员用法国猎犬培育出来的。

描述：这个犬种身材消瘦，肌肉发达。它们的鼻孔很宽，耳朵向后低垂。毛发需要经常保养和修剪。每天需要剧烈运动，以保持身体健康。

性情：它们是非常温和、灵活、安静的工作犬。它们嗅觉灵敏，能从很远的距离追踪气味。毛发使它们在炎热和寒冷的天气里都能保持舒适。这种犬能与家人和睦相处，如果被隔离在狗舍或院子里，它们会感到孤独。它们能和孩子们相处得很好，但和其他宠物却合不来，除非这些宠物在它们很小的时候就开始一起生活。

有趣的事实

当人们发现英国赛特犬的时候，它们正摆好了姿势，"赛特"（setter 音译，"蹲伏"的意思）的名字由此而来。

统计

来源地：英国英格兰。
身高：61~69 厘米。
体重：25~30 千克。
寿命：10~14 年（70~98 犬龄）。
历史：15 世纪，赛特犬首先在法国被培育了出来，它们是由西班牙指示犬和法国指示犬杂交而成的。
用途：被用作猎犬。
毛色：毛发为白色带有蓝色、柠檬色、橙色或棕色条纹。
每窝产崽数：5~7 只幼犬。

英国斯普林格猎

这是传统的枪猎犬品种。在狩猎游戏中，英国斯普林格猎会一跃而起，冲出去追赶猎物。

描述：这是中等体形的犬，它们的头与身体成比例。毛发中等长度。英国斯普林格猎有着令人感到亲切、警觉、信任的表情，这是它们的一大特色。它们外层皮毛中等长度，底层毛发柔软而致密。皮毛能保护它们不受雨淋和荆棘的伤害。这种犬的眼圈与它们的毛发颜色相配。

性情：它们性情温和、友好，对孩子很好，是很好的宠物。当身边的人给予它们很多关注的时候，它们的状态最好。

来源地：英国英格兰。
身高：48~53 厘米。
体重：20~25 千克。
寿命：12~14 年（84~98 犬龄）。
历史：被认为是所有猎犬的祖先。
用途：被用于狩猎。
毛色：猪肝色和白色相间，黑白相间，最多的情况是白色带有黑色或猪肝色的斑纹，蓝色或红棕色，三色为黑白相间或褐白相间，带有棕褐色斑纹。
每窝产崽数：6~10 只幼犬。

统计

有趣的事实

在文艺复兴时期，英国斯普林格猎被认为是欧洲猎手的理想伴侣犬。

田野猎

1892 年，这种犬作为一个独特的犬种被承认。最初它们作为展示犬比作为猎犬更受欢迎，后来它们成长为一种腿更长的犬，适合田野生活。

描述：这种犬体形中等大小，皮毛如丝般光滑，鼻子很大，毛色不是浅棕色就是深棕色。

性情：田野猎是一种很好的家犬。它们非常活跃和强壮，也非常独立，聪明又贪玩。

有趣的事实

田野猎这一犬种在 20 世纪 50 年代几乎灭绝，今天的田野猎是由当时仅存的四只繁育的。

统计

来源地：英国英格兰。
身高：45~51 厘米。
体重：16~23 千克。
寿命：10~12 年（70~84 犬龄）。
历史：起源于 19 世纪的英格兰，是由英国可卡猎培育而来的。
用途：被用于狩猎。
毛色：颜色为黑色、猪肝色或杂色。
每窝产崽数：6~8 只幼犬。

顺毛寻回犬

顺毛寻回犬是寻回犬和猎的杂交品种，有着平顺的波浪形毛发。

描述：它们中等体形，鼻子的颜色随着毛发的颜色而变化。它们的头是平的，有杏仁形的棕色或淡褐色眼睛。

性情：这种犬总是精神抖擞，贪玩好动，喜欢玩寻回的游戏。它们也因此成为孩子们完美的宠物。

来源地：英国。
身高：55~61 厘米。
体重：27~35 千克。
寿命：12~14 年（84~98 犬龄）。
历史：18 世纪，由寻回犬和猎发展而来。
用途：因为嗅觉灵敏，被渔民和猎人所用。
毛色：毛色为纯黑色或纯猪肝色。
每窝产崽数：4~8 只幼犬。

统计

有趣的事实

顺毛寻回犬曾被称为“真正的寻回犬”。

法国猎

法国猎是在法国发展起来的猎犬，人们认为它们的祖先是 14 世纪的犬。中世纪时，这种犬深受皇室欢迎。

描述：法国猎要比英国斯普林格猎个头高。它们肌肉发达，胸部深陷，腿部强壮。

性情：这种犬性格开朗，待人友好，乐于取悦他人，易于被训练。由于它们精力旺盛，需要有规律的激烈运动。

有趣的事实

彼得大帝的妻子俄罗斯女皇凯瑟琳一世（1725—1727 年）就拥有一只名叫贝贝的法国猎。

统计

来源地：法国。
身高：56~61 厘米。
体重：20~27 千克。
寿命：10~12 年（70~84 犬龄）。
历史：人们认为这种犬起源于“十字军”东征时期。
用途：被皇室用于打猎。
毛色：白色毛发带有从浅肉桂色到深猪肝色的棕色斑点。
每窝产崽数：4~6 只幼犬。

德国猎

有趣的事实

在加拿大，德国猎能帮助人们驱赶美国黑熊。

德国猎也被称为德国猎鹌鹑犬，是由德国犬饲养员弗雷德里克·罗伯茨在19世纪90年代培育出来的。

描述：这种犬肌肉发达，中等身材，毛发长而粗，呈波浪状。由于它们身体结实，可以寻回野兔、狐狸这样的猎物。

性情：它们具备超凡的综合能力，以活泼的个性和非凡的智慧而闻名。

统计

来源地：德国。
身高：45~53厘米。
体重：20~30千克。
寿命：12~14年（84~98犬龄）。
历史：19世纪后期由德国饲养员培育出来。
用途：一种多用途的猎犬。
毛色：毛发颜色为棕色或棕杂色。
每窝产崽数：5~7只幼犬。

德国短毛指示犬

德国短毛指示犬是19世纪为那些徒步狩猎的人而培育的犬种。

描述：这是一种多用途猎犬，外表强大，警惕性高。体形中等大小，身材匀称，表情聪慧而生动。

性情：众所周知，这种犬非常活跃，反应力强，对任何与它们关系亲密的人都信赖而温柔。

来源地：德国。
身高：58~65厘米。
体重：25~32千克。
寿命：12~15年（84~105犬龄）。
历史：由古老的德国指示犬与英国和西班牙指示犬杂交而来。
用途：用于寻回游戏。
毛色：毛色包括深猪肝色、猪肝色与白色相间、猪肝色条纹或斑块、白色斑纹或猪肝杂色。
每窝产崽数：7~9只幼犬。

有趣的事实

梅尔·沃利斯是一名体育记者，他在回忆录《快跑，瑞尼，快跑！》中描述了自己与一只德国短毛指示犬间非同寻常的关系。

德国长毛指示犬

有趣的事实

德国长毛指示犬的部分血统来自古老的西班牙指示犬，它们是在17世纪来到德国的。

德国长毛指示犬有西班牙血统，在德国被培育成为枪猎犬。

描述：它们肌肉发达，动作敏捷。就像所有的德国指示犬一样，它们有蹼状的脚。毛发结实而有光泽。

性情：它们一般温文尔雅，和蔼可亲，很重感情，当和主人分开很长时间的时候，可能会很难过。

统计

来源地：德国。
身高：58~63厘米。
体重：25~32千克。
寿命：12~15年（84~105犬龄）。
历史：被认为是几种德国猎犬和西班牙指示犬的后代。
用途：被用作枪猎犬。
毛色：毛色有深红褐色、红褐色与白色相间、红褐色或白色斑纹、白色斑纹色或猪肝杂色。
每窝产崽数：7~9只幼犬。

戈登塞特犬

戈登塞特犬是 18 世纪在苏格兰发展起来的犬种，因为有很好的嗅觉，这种犬被用作捕鸟时的指示犬。

形容：戈登塞特犬身材修长，体魄强健。它们的鼻子很宽，有深棕色的椭圆形眼睛。毛发柔软且有光泽，要么是波浪形，要么是直发。

性情：戈登塞特犬因两个独特的品质而闻名——忠诚和顺从，它们性情友好，精力充沛，深受儿童喜爱。

有趣的事实

戈登塞特犬是苏格兰唯一土生土长的猎犬，19 世纪初戈登公爵使它们广受欢迎。

统计

来源地：英国苏格兰。
身高：61~69 厘米。
体重：25~36 千克。
寿命：10~12 年（70~84 犬龄）。
历史：是 18 世纪在苏格兰发展起来的犬种。
用途：最初的用途是捕猎野鸟。
毛色：这是唯一毛发为黑色且带深棕色斑纹的赛特犬。
每窝产崽数：7~9 只幼犬。

金毛寻回犬

金毛寻回犬起源于 19 世纪晚期的苏格兰高地，这是由爱丁顿的泰德茅斯勋爵培育的犬种。

描述：这种犬身体非常结实，身材中等大小，口鼻处很直，口鼻处的颜色为黑色或棕色。

性情：它们性格温文尔雅，聪明可爱。总是很有魅力，对孩子既有耐心又很温柔。它们忠心耿耿，喜欢取悦主人，也喜欢和人在一起。

统计

来源地：英国苏格兰。
身高：51~61 厘米。
体重：27~36 千克。
寿命：10~15 年（70~105 犬龄）。
历史：19 世纪由泰德茅斯勋爵培育。
用途：用于寻回水禽，如鸭和鹅。
毛色：毛色呈现出从奶油色到金黄色。
每窝产崽数：4~12 只幼犬。

有趣的事实

金毛寻回犬本能地被水吸引，如果附近有水，它们就会想跳入水中游泳。

德国刚毛指示犬

这种犬是 20 世纪初在德国培育出来的犬种，它们能在干燥的陆地和沼泽地上完成指示、追踪、搜寻工作，还能充当枪猎犬。

描述：这种犬中等体形，肌肉发达，身长要比身高更长。它们内层毛发很独特，冬季时毛发浓密，夏季时毛发稀薄。

性情：它们性格非常活跃而聪明，善于学习，对家庭成员特别忠诚。

有趣的事实

德国刚毛指示犬对猎人的需要非常敏感，并能做出相应的反应。

统计

来源地：德国。
身高：61~66 厘米。
体重：27~32 千克。
寿命：12~14 年（84~98 犬龄）。
历史：起源可以追溯到 100 年前，当时饲养员想培育一种多才多艺的猎犬。
用途：被用作指示犬和寻回犬。
毛色：毛色为红褐色与白色相间，有时带有斑点，有时为杂色或斑点图案，有时为深红褐色。
每窝产崽数：6~10 只幼犬。

爱尔兰塞特犬

爱尔兰塞特犬是一种多用途的猎犬，特别适合猎食野鸟。它们有很好的嗅觉，并以速度和灵活性而闻名。

描述：它们的体形又瘦又长，身体的长度比身高略长。

性情：爱尔兰塞特犬以其情绪高昂、活力四射而闻名，同时也非常聪明，重感情，这意味着它们能与孩子们相处融洽。

有趣的事实

爱尔兰塞特犬是体形最大的运动犬种之一，身材要比英国塞特犬和戈登塞特犬苗条一些。

统计

来源地：爱尔兰。
身高：66~71 厘米。
体重：29~34 千克。
寿命：11~15 年（77~105 犬龄）。
历史：是由爱尔兰㹴、爱尔兰猎、英国赛特犬、指示犬和戈登赛特犬交配而成的犬种。
用途：猎犬和指示犬。
毛色：从红褐色到栗红色。
每窝产崽数：7~8 只幼犬。

库依克豪德杰犬

这种犬被用来捕猎鸭子，它们的名字来自于沿着“koois”驱赶鸭子，“koois”是荷兰用来诱捕鸭子的装置，末端有圈套。

描述：这是种小型犬，身高仅 30 厘米左右，耳尖有一缕黑色毛发，被称为“耳环”。

性情：因为天性亲人，它们能成为很好的家庭犬。如果被粗暴对待，它们会有点侵略性，但这个问题可以通过从小就对它们进行社会化训练而解决。

统计

来源地：荷兰。
身高：35~40 厘米。
体重：9~18 千克。
寿命：12~14 年（84~98 犬龄）。
历史：一种非常古老的犬种，原产于荷兰。
用途：用于捕猎鸭子。
毛色：毛发防水，有白色和栗色两种颜色。
每窝产崽数：5~7 只幼犬。

有趣的事实

像许多欧洲犬种一样，库依克豪德杰犬在第二次世界大战期间几乎灭绝了。

有趣的事实

到 19 世纪 50 年代末，布拉克·杜·波旁犬在文学作品中被认为是“猎捕鹧鸪的能手”。

布拉克·杜·波旁犬

对布拉克·杜·波旁犬的描述最早出现在文艺复兴时期。这种犬几乎在第一次世界大战前就灭绝了，但后来数量又有所恢复。

描述：它们有厚厚的皮毛，尾巴很短，身上经常有大大的斑点。

性情：这种犬性情平和，也很聪明。除了擅长狩猎，它们也是很好的宠物犬。

统计

来源地：法国。
身高：51~58 厘米。
体重：18~25 千克。
寿命：13~15 年（91~105 犬龄）。
历史：虽然这是个古老的犬种，在文艺复兴时期就对其有所描述，但此犬种的首个俱乐部创建于1925年。
用途：被培育成为猎犬。
毛色：有两种毛色，深红褐色和浅黄褐色。
每窝产崽数：3~6 只幼犬。

有趣的事实

第二次世界大战之后，荷兰水猎犬几乎面临灭绝，但一些爱犬人士努力挽救了它们。

荷兰水猎犬

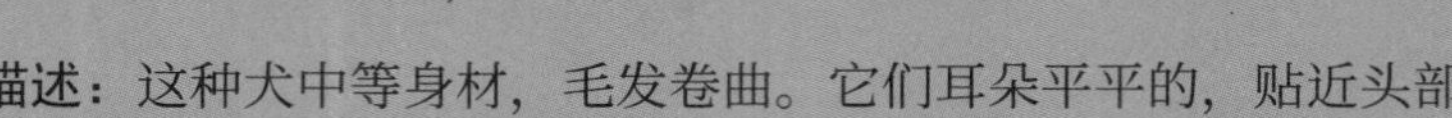

这是一种猎犬，它们也被称为弗里斯兰水犬。

描述：这种犬中等身材，毛发卷曲。它们耳朵平平的，贴近头部，眼睛的形状使它们看起来很冷酷。

性情：这是一种特殊的枪猎犬，无论在旱地还是沼泽地都有上佳表现。因为它们有很强的护卫本能，是一种很好的看家犬。

统计

来源地：荷兰。
身高：53~58 厘米。
体重：15~20 千克。
寿命：12~13 年（84~91 犬龄）。
历史：是由吉卜赛人饲养的犬的后代，那些犬是与已经绝种了的本土老式水犬交配的犬种。
用途：用于寻回水禽。
毛色：毛色有深红褐色和白色相间，黑白相间，纯红褐色或者纯黑色。
每窝产崽数：3~5 只幼犬。

大明斯特兰德犬

大明斯特兰德犬原产于德国的明斯特地区，是一种多用途的猎犬。

描述：它们中等体形，头部略宽，眼睛上的眼睑沉重。毛发很长，既不太卷曲，也不太浓密。

性情：这种犬个性勇敢，不知疲倦，能在所有地形上工作。它们性情活泼、聪明、顺从，这使它们成为很好的家庭伴侣犬，也很容易被训练。

统计

来源地：德国。
身高：58~64 厘米。
体重：22~32 千克。
寿命：12~13 年（84~91 犬龄）。
历史：19 世纪源于德国的几种多才多艺的猎犬之一。
用途：被用作枪猎犬。
毛色：毛发为白色带有褐色斑纹或斑点。
每窝产崽数：6~8 只幼犬。

有趣的事实

大明斯特兰德犬喜欢水，并且会尝试着取回所有扔到水里的东西。

有趣的事实

在英国，小明斯特兰德犬这个犬种属于稀有品种。

小明斯特兰德犬

小明斯特兰德犬是一种多才多艺的猎犬、指示犬和寻回犬，原产于德国明斯特。

描述：它们身体强健，身形瘦削，浑身覆盖有轻微波浪的毛发。头部扁平，薄薄的耳朵低垂着，有深棕色的眼睛和粗尾巴。

性情：这种犬极为聪明，由于它们天性细心，很容易被训练。但因为它们的独立精神，需要耐心和温和地对待。

统计

来源地：德国。
身高：48~56 厘米。
体重：18~27 千克。
寿命：12~13 年（84~91 犬龄）。
历史：在使用枪猎鸟之前，小明斯特兰德犬可以帮助那些用鹰狩猎的人。
用途：被当作猎犬、寻回犬、指示犬。
毛色：白色毛发上有大块的棕色斑块。
每窝产崽数：6~8 只幼犬。

统计

来源地：英国英格兰。
身高：61~69 厘米。
体重：20~30 千克。
寿命：13~14 年（91~98 犬龄）。
历史：虽然关于指示犬的起源众说纷纭，但自 1650 年开始，英国才开始有记录证明它们的存在。
用途：最初用作枪猎犬，它们今天被用作展示犬。
毛色：毛发颜色包括白色带有深红褐色、柠檬色、黑色或橙色斑纹。也可以是三色犬。
每窝产崽数：6~9 只幼犬。

指示犬

这是通过意大利指示犬、猎狐犬、寻血猎犬、灵猩、纽芬兰犬、塞特犬和斗牛犬等杂交而来的犬种。它们名叫指示犬，是因为当它们发现猎物时，会一动不动地站着。

描述：指示犬也被称为英国指示犬，是一种强大的猎犬，头部宽，口鼻处长。

性情：它们精力极为旺盛，也是位热情的猎手。它们对孩子们充满感情，态度友爱，对家庭也有很强的保护意识。

有趣的事实

1650 年左右，“指示犬”这个名字首次在英国被提出。

俄罗斯猎

第二次世界大战后，这种犬是第一种由苏联标准化的猎犬，它们是 1951 年由几个品种的猎杂交产生的犬种。

描述：因为身材矮小又结实，这种犬像一只可卡猎。它们的毛发紧致而光滑。

性情：这个犬种很有活力。它们对主人很忠诚，个性随和，也活泼开朗，贪玩好动。

有趣的事实

俄罗斯猎经过训练能找到鸟，强迫鸟飞起来，然后将它抓回。

统计

来源地：俄罗斯。
身高：38~43 厘米。
体重：13~16 千克。
寿命：12~14 年（84~98 犬龄）。
历史：这是由英国可卡猎和英国斯普林格猎杂交而成的犬种。
用途：被用于打猎。
毛色：毛发颜色为白色带有深色（黑色、棕色或红色）的斑点。
每窝产崽数：4~6 只幼犬。

俄欧莱卡犬

这个犬种原产于北欧和俄罗斯的森林地区，它们是猎犬，来自一种古老的绒毛型犬。

描述：这个犬种体形中等，身材紧凑结实。它们的口鼻处尖尖的，耳朵竖立着。

性情：这种犬很活跃，喜欢户外活动。它们生性活泼，周围发生的各种事情都能使它们兴奋起来。

统计

来源地：俄罗斯。
身高：53~58 厘米。
体重：20~23 千克。
历史：起源于俄罗斯。
毛色：毛发颜色包括黑色、灰色、白色、椒盐色、黑色带白色斑纹、白色带黑色斑纹。
每窝产崽数：4~8 只幼犬。

有趣的事实

1957 年 11 月 2 日，在人造卫星 2 号上环绕地球飞行的首位来自地球的大使就是一条名叫莱卡的狗。

意大利史毕诺犬

这种犬是在意大利培育出的多功能的枪猎犬。这是一个古老的犬种，其历史可以追溯到 2 000 年以前。

描述：意大利史毕诺犬骨骼强壮，有着方方正正的身体。它们肌肉发达，四肢强壮，爪子上有蹼。

性情：这种犬生性温顺随和。众所周知，它们重感情，性格可爱，尤其对孩子们特别好。

有趣的事实

直到 19 世纪初，意大利史毕诺犬在许多地区仍然被称为“斯皮诺索”，因为“史毕诺”当时尚未被正式采用。

统计

来源地：意大利。
身高：56~69 厘米。
体重：28~39 千克。
寿命：10~12 年（70~84 犬龄）。
历史：人们认为此犬种来自意大利皮埃蒙特地区。
用途：被当作一种多用途的枪猎犬。
毛色：毛发颜色包括纯白色、白橙相间色、橙杂色带或不带橙色斑纹、白色带棕色斑纹、棕杂色带或不带棕色斑纹。
每窝产崽数：4~10 只幼犬。

苏塞克斯猎犬

这个犬种在外观上很像克伦伯猎犬。它们精力充沛，人们形容它们有时候像小丑一样。所有主要的犬舍俱乐部都承认这一犬种，它们在美国非常受欢迎。

描述：这个犬种身材矮，身体紧凑。它们的胸部、腿部和耳朵上都有羽状毛发，耳朵上也有叶状的突起。

性情：众所周知，这种犬精力充沛，非常喜欢和人在一起，对孩子也特别好。它们是很好的治疗犬。

有趣的事实

1795年，人们在东苏塞克斯的黑斯廷斯饲养这种犬，并把它们当作猎犬。第二次世界大战期间，苏塞克斯猎犬几乎灭绝了。

统计

来源地：英国英格兰。
身高：38~41厘米。
体重：18~23千克。
寿命：14~16年（98~112犬龄）。
历史：这是一个罕见的犬种，起源于19世纪的英格兰。
用途：用于打猎。
毛色：毛发颜色为深金红褐色。
每窝产崽数：4~6只幼犬。

维希拉犬

维希拉犬是一种运动犬，是全方位指示寻回犬家族中体形最小的犬。

描述：这种犬样貌出奇。它们的毛发短而光滑，没有底层毛发，尾巴通常都是直立着的。

性情：维希拉犬非常聪明，很容易被训练。它们是嗅觉灵敏的好猎手，需要大量的关注和运动。

统计

来源地：匈牙利。
身高：56~66厘米。
体重：20~30千克。
寿命：12~15年（84~105犬龄）。
历史：人们认为这是一个古老的犬种，18世纪才开始发展成现在的样子。
用途：是用于打猎的犬种。
毛色：毛色为深浅不一的纯金黄褐色。
每窝产崽数：6~8只幼犬。

有趣的事实

10世纪生活在喀尔巴阡山脉盆地的马扎尔人部落成员把维希拉犬的祖先视为猎犬。

刚毛维希拉犬

这种犬原产于匈牙利，以擅长打猎而闻名。它们有着很好的嗅觉，也很容易被训练。它们是在20世纪30年代被培育而成的。

描述：这个犬种浑身都是短短的刚毛。虽然身体强壮，肌肉发达，但它们看起来却相当瘦。它们的耳朵很低，紧贴着脸部。在某些情况下，尾部是直的。

性情：这种犬性格活泼，举止温和，有非常重感情和敏感的一面。众所周知，它们无所畏惧，具有很强的保护本能。

有趣的事实

刚毛维西拉犬是在20世纪30年代由传统的匈牙利维希拉犬培育出的犬种。传统匈牙利维希拉犬的历史可以追溯到18世纪。

统计

来源地：匈牙利。
身高：56~63厘米。
体重：20~27千克。
寿命：12~15年（84~98犬龄）。
历史：这种犬最初是由瓦萨斯·乔塞夫在20世纪30年代培育的犬种。
用途：主要用作猎犬。
毛色：毛发颜色为黄褐色。
每窝产崽数：5~10只幼犬。

魏玛犬

魏玛犬是19世纪被作为猎犬而发展起来的。

描述：这种犬是身体优雅的运动犬。它们的毛发又短又硬，只需要很少的梳理和保养。

性情：这种犬的精力极为旺盛，甚至达到高度兴奋的状态。大多数人都会被它们累坏，所以它们必须要接受训练，让它们学会如何控制自己的行为。

有趣的事实

卡尔·奥古斯特，萨克斯·魏玛·艾森纳克大公是一位狂热的猎人，他把自己的名字送给了这个犬种。

统计

来源地：德国。
身高：56~69厘米。
体重：32~39千克。
寿命：10~12年（70~84犬龄）。
历史：人们认为这一犬种是在18世纪末或19世纪初由寻血猎犬发展起来的犬种。
用途：最初用来猎捕熊和狐狸，但今天被当作水上寻回犬和警犬。
毛色：毛色由鼠灰色到银灰色不等。
每窝产崽数：6~7只幼犬。

威尔士斯普林格猎

威尔士斯普林格猎属于猎犬家族。人们经常把它们与英国斯普林格猎弄混，因为它们的长相很相似。

描述：此犬身材结实而紧凑。它们有一个特点，身体的前半部分总保持一个倾斜的角度。

性情：这种犬高度忠诚，很重视主人和家庭成员。尽管它们天性充满爱，但并不信任陌生人，对他们也并不友好。

统计

来源地：英国威尔士。
身高：43~48厘米。
体重：18~21千克。
寿命：12~15年（84~105犬龄）。
历史：与英国斯普林格猎和可卡猎一样，这种犬也是一种英国猎犬。
用途：被用来猎捕啄木鸟。
毛色：毛发颜色为红白相间，上面有各种图案或斑纹。
每窝产崽数：6~10只幼犬。

有趣的事实

和英国的斯普林格猎一样，威尔士斯普林格猎也是很好的猎手，它们以在比赛中的“弹跳”能力而闻名。

拉戈托·罗马阁挪露犬

这是一种原产于意大利罗马涅地区的犬。人们认为，现代所有水上寻回犬种都是它们的后代。

描述：拉戈托·罗马阁挪露犬体形中等，眼睛大而圆，颜色从深黄色到深棕色不等。它们浑身有着厚实的卷毛。

性情：这一犬种对运动的敏感度要超过对周围细节的敏感性。它们是非常忠诚、友爱的犬种，这使它们成为完美的家庭伴侣犬。

有趣的事实

拉戈托·罗马阁挪露犬具有非凡的坚强无畏的个性。

统计

来源地：意大利。
身高：43~49厘米。
体重：13~16千克。
寿命：12~16年（84~112犬龄）。
历史：来自意大利古老的水上寻回犬品种。
毛色：颜色包括灰白色、白色或棕色。
每窝产崽数：4~6只幼犬。

刚毛指示格里芬犬

在英国，这种犬被称为格里芬·科萨犬，而在法国，它们被称为刚毛格里芬·科萨指示犬。这是一种枪猎犬，非常适合在浓密的灌木丛中狩猎。有些人认为这种犬有荷兰血统，还有人则认为它们有德国血统。

描述：这种犬有着中等身材，毛发粗糙而厚实。它们的耳朵是平的，靠近头部，眼睛可能是黄色的，也可能是棕色的，而鼻子总是棕色的。

性情：这种犬聪明友好，时刻渴望取悦主人，喜欢与人为伴。即使到了成年，它们依然保持着顽皮的天性。它们在房子周围总是自在而安静，这使它们很容易被当作宠物。

有趣的事实

为了创造一种理想的多功能的枪猎犬，1873年，爱德华·卡雷勒·科萨尔开始培育这一犬种。

统计

来源地：荷兰、法国。
身高：51~61厘米。
体重：23~27千克。
寿命：10~12年（70~84犬龄）。
历史：是由19世纪末荷兰育种者爱德华·卡雷勒·科萨尔培育的犬种。
用途：用于打猎。
毛色：毛发颜色为白色、纯棕色、白棕相间或白橙相间色。
每窝产崽数：6~9只幼犬。

新斯科舍诱鸭寻回犬

这种猎犬因其绰号“托勒”而闻名，它们是在加拿大新斯科舍省雅茅斯镇培育出的犬种。

描述：这种犬肌肉发达，身材紧凑，运动能力强，身体平衡性好。它们的胸部深陷，腿部结实。

性情：这是非常活跃的犬种，需要不断给予精神和身体上的刺激。这种犬非常有耐心，对它们熟悉的人很有感情。它们是一种非常好的寻回犬，很喜欢水。

统计

来源地：加拿大新斯科舍省。
身高：43~53厘米。
体重：17~23千克。
寿命：12~14年（84~98犬龄）。
历史：是由加拿大寻回犬和工作猎杂交而成的犬种。
用途：用于狩猎水禽。
毛色：毛发包括深浅各异的红色和橙色。
每窝产崽数：6~10只幼犬。

有趣的事实

1995年，新斯科舍诱鸭寻回犬被宣布为新斯科舍省的“州犬”。

佩特戴尔㹴

佩特戴尔㹴通常出现在湖区和约克郡，在英国以外的地方几乎没人知道这种犬。

描述：这种犬中等体形，有着威严而强壮的头和结实的牙齿。它们的眼睛深陷，总是与毛发颜色相协调。

性情：虽然体形较小，有时还会被贴上玩赏犬的标签，但它们却有大猎犬的天性，勇敢而坚韧。

有趣的事实

“佩特戴尔”这一名字出自坎布里亚郡的一个村庄，这种犬就是在那里出生的。

统计

来源地：英国英格兰。
身高：30~35 厘米。
体重：5~6 千克。
寿命：11~13 年（77~91 犬龄）。
历史：这是在英格兰北部环境恶劣的地方培育的犬种。
用途：被专门用来保护羊。
毛色：颜色包括黑色、红色、红褐色、灰白色、黑色、棕褐色和青铜色。
每窝产崽数：5~10 只幼犬。

小型雪纳瑞犬

这是一种小型的雪纳瑞犬，标准雪纳瑞犬与贵宾犬或猴面宾莎犬杂交，就产生了这一犬种。最初，小型雪纳瑞犬被培育是为了农场捕猎和在田野和家庭里捕捉害虫。

描述：小型雪纳瑞犬体形小巧，身材结实，头部呈矩形。它们的眼睛深陷，呈棕色。它们有双层毛发，外层毛发坚硬，内层毛发柔软。

性情：它们聪明贪玩，被认为是个性快乐的犬。它们是很好的伴侣犬，也是众所周知的优秀的看家犬。尽管体形较小，这种犬还是会勇敢面对体形较大的犬。当它们长大后会变得很有领地意识。

统计

来源地：德国。
身高：30~35 厘米。
体重：4~6 千克。
寿命：12~15 年（85~105 犬龄）。
历史：雪纳瑞犬中体形小的一个品种，起源于 19 世纪中后期。
毛色：黑色、椒盐色、黑银色和白色。
每窝产崽数：3~5 只幼犬。

有趣的事实

与体形较大的雪纳瑞犬相比，小型雪纳瑞犬的攻击性要小得多。

湖畔㹴

这种犬生活在英格兰西北部的湖区，它们是由贝灵顿㹴和古代英国刚毛㹴杂交而成的犬种。

描述：这种犬体形小，身体强壮。它们头部狭窄，有黑色、棕色或深褐色的眼睛。

性情：湖畔㹴机警、活泼、开朗、有爱心，喜爱孩子，它们是很好的家庭犬种。它们自信而勇敢，需要在很小的时候就接受训练，这样就不会变得暴躁或好斗。

有趣的事实

在产羊的季节，人们用湖畔㹴在湖区猎捕狐狸。

统计

来源地：英国英格兰。
身高：30~38 厘米。
体重：7~8 千克。
寿命：10~12 年（70~84 犬龄）。
历史：起源于 19 世纪，是最古老的㹴犬之一。
用途：用于捕食害虫。
毛色：毛色有纯蓝色、黑色、红褐色、红色和小麦色。
每窝产崽数：3~5 只幼犬。

奥地利宾莎犬

虽然从18世纪开始，奥地利宾莎犬就出现在奥地利的照片中，但直到1928年，它们得到第一个正式名字——奥地利短毛宾莎犬，之后才被人们接受。它们被认为是德国宾莎犬的后代。

描述：和大多数的农场犬一样，这种犬中等体形，强壮结实。

性情：它们常被认为是极好的伴侣犬。有些奥地利宾莎犬更适合做护卫犬，而不是猎犬。

有趣的事实

直到2000年，这种犬才被正式命名为奥地利宾莎犬。

统计

来源地：奥地利。
身高：35~51 厘米。
体重：12~18 千克。
寿命：12~14 年（84~98 犬龄）。
历史：由在奥地利乡村农场发现的古代宾莎犬发展而来。
用途：牲畜的护卫犬。
毛色：毛发颜色有黄、红或黑棕褐色，通常在脸、胸、脚和尾巴顶端有白色的斑纹。
每窝产崽数：5~6 只幼犬。

捕鼠㹴

因为是农场犬，也是很好的狩猎伙伴，这种犬很出名。顾名思义，它们是很好的捕鼠犬。

描述：捕鼠㹴有着警惕的神情，看起来很聪明。它们的尾巴通常是停止长的，但也有截尾的犬。断尾的基因使这种犬的尾巴长短不一。

性情：它们喜欢运动和玩耍，也喜欢闲逛。它们性格开朗，以敏感和冷静著称。

统计

来源地：美国。
身高：35~58 厘米。
体重：5~16 千克。
寿命：15~18 年（105~126 犬龄）。
历史：1820 年，这种犬由英国细毛猎狐㹴和曼彻斯特㹴杂交而成。
用途：它们被用作全方位的农场犬和猎犬。
毛色：毛色有珍珠白色、黑貂色、巧克力色、红白相间色、三色斑点、纯红色、黑棕色、蓝白色及红色斑纹。
每窝产崽数：5~7 只幼犬。

有趣的事实

这种犬的祖先随英国移民一起来到美国，并被用于鼠坑赌博游戏。

美国无毛㹴

饲养员喜欢美国无毛㹴的外观和个性，所以他们决定培育这种无毛犬种。

描述：这个犬种的体形非常像捕鼠㹴。它们肌肉发达，肩部和腿部都很强壮。

性情：它们个性聪明机警，有爱心，贪玩。由于天性重感情，这种犬能成为非常好的伴侣犬和宠物。

有趣的事实

美国无毛㹴是唯一比墨西哥无毛犬的毛发还少的犬种。

统计

来源地：美国。
身高：18~40 厘米。
体重：2~7 千克。
寿命：14~16 年（98~112 犬龄）。
历史：1972 年，犬主埃德温和威利·斯科特培育出这个无毛犬种。
用途：被用作很好的看家犬。
毛色：毛发有多种颜色。
每窝产崽数：5~7 只幼犬。

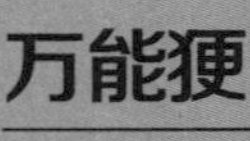

万能㹴

这是一种㹴犬，因为它们是所有㹴犬中体形最大的，所以也被称为“㹴王”。

描述：这种㹴的体形令人印象深刻。它们的耳朵呈“V”形，略微朝向头部一侧折叠。

性情：虽然这种犬对孩子很友好，但对年幼的孩子来说可能略显粗暴。它们非常勇敢、忠诚、聪明和敏感。

有趣的事实

英国约克郡爱丽代尔的矿工们想要一条全能的狗，所以万能㹴被培育出来，成为一名好猎手、游泳能手和伙伴。

统计

来源地：英国英格兰。
身高：56~61 厘米。
体重：20~29 千克。
寿命：10~12 年（70~84 犬龄）。
历史：起源于英格兰约克郡的爱丽代尔山谷地区。
用途：主要被用作害虫的猎手。
毛色：背部毛发呈黑色马鞍形，头部、耳朵和腿部为棕褐色
每窝产崽数：8~10 只幼犬。

泰迪罗斯福㹴

这是一种中等体形的猎犬，和其他品种的㹴犬有许多共同点，如美国捕鼠㹴、巴西㹴和田特菲㹴等。

描述：这种犬身材较低，腿短且肌肉发达。与美国捕鼠㹴相比，它们的骨质密度更高。

性情：这种犬以狩猎本领著称，嗅觉敏锐，即使很远的距离它们也能闻到猎物的气味。

统计

来源地：美国。
身高：20~38 厘米。
体重：4~11 千克。
寿命：11~14 年（77~98 犬龄）。
历史：英国工人阶级的移民曾带着㹴犬移民到美国，据说泰迪罗斯福㹴就是那些㹴犬的后代。
用途：被作为猎犬和家庭用犬。
毛色：毛色为纯白色、双色或三色，但总有白色。
每窝产崽数：4~7 只幼犬。

有趣的事实

尽管美国总统从来没有养过这种犬，但泰迪罗斯福㹴却是以西奥多·D·罗斯福总统的名字命名的。

软毛麦色㹴

这是一种爱尔兰犬种，有四种不同的毛发，分别是传统爱尔兰软毛㹴、厚毛爱尔兰㹴、英式㹴犬和美式㹴犬。

描述：这种犬中等体形，身体方正而结实。它们丝绸般的毛发很少脱落，也不需要修剪。

性情：这种犬非常聪明，很容易被训练。它们对人类很友好，也喜欢待在人的周围。它们个性贪玩，没有攻击性。

有趣的事实

软毛麦色㹴在爱尔兰被称为“穷人的猎狼犬”。

统计

来源地：爱尔兰。
身高：45~51 厘米。
体重：16~20 千克。
寿命：12~15 年（84~105 犬龄）。
历史：起源于爱尔兰，有可能是爱尔兰最古老的品种。
用途：放牧、保护牲畜、捕捉害虫等。
毛色：毛色为小麦色或铁锈色。
每窝产崽数：5~6 只幼犬。

捷克㹴

捷克㹴是一种小型㹴犬。作为相对较新的犬种，这种犬是世界上最稀有的六种犬之一。

描述：捷克㹴也被称为波西米亚㹴。它们的体形相当长，但身高并不高，腿也短。

性情：它们以运动精神和活力充沛著称，性格甜美且乐于取悦于人，拥有勇敢、忠诚、顺从的精神。它们非常友好，有耐心，不傲慢。

有趣的事实

捷克㹴最初的培育者是一位捷克饲养员，名叫弗兰蒂塞克·霍拉克。

统计

来源地：捷克。
身高：25~33 厘米。
体重：6~10 千克。
寿命：12~15 年（84~105 犬龄）。
历史：一种相对较新的品种，由苏格兰㹴、锡利哈姆㹴和丹迪丁蒙㹴杂交而成。
用途：用于在洞穴中捕猎老鼠和狐狸，也是一种很好的追踪犬、看家犬和护卫犬。
毛色：毛色为深灰色、炭灰色或铂灰色。
每窝产崽数：8~10 只幼犬。

美国比特斗牛㹴

19 世纪中期，美国比特斗牛㹴的祖先由定居在波士顿的爱尔兰移民带到美国。它们最初是从英国带来和培育的，充当格斗犬。

描述：这种犬中等体形，肌肉强壮。它们有削短的耳朵和短而尖的尾巴。

性情：这个犬种以聪明、忠诚、强壮和友好而闻名。它们是强大的家庭捍卫者，但必须经过良好训练，以控制自己好斗的天性。

统计

来源地：美国。
身高：45~56 厘米。
体重：10~50 千克。
寿命：10~12 年（70~84 犬龄）。
历史：起源于英国，人们将斗牛犬和㹴犬进行实验性杂交，以创造出一种强大的格斗犬。此犬种在英国是被禁止的。
用途：部分用作农场护卫犬、牲畜犬和抓捕犬。
毛色：毛发有多种颜色。
每窝产崽数：5~10 只幼犬。

有趣的事实

美国比特斗牛㹴在美国有时被用作治疗犬，它们可以很好地照顾老人或帮助人们从情绪创伤中恢复。

美国斯塔福德郡㹴

这一犬种的祖先最早来自英国。它们似乎是斗牛犬和㹴犬的杂交品种。

描述：这种犬健壮的外表不仅能给人留下深刻印象，而且也有可能吓到陌生人，甚至是其他犬。

性情：这个品种有着令人生畏的名声，因为它们被用作格斗犬。然而，它们也可以是非常忠诚和有爱心的犬类。

有趣的事实

美国斯塔福德郡㹴这一非凡的犬种有强壮的身体和无畏的个性，并以力量和耐力而闻名。

统计

来源地：美国。
身高：43~48 厘米。
体重：25~30 千克。
寿命：9~15 年（63~105 犬龄）。
历史：19 世纪诞生于英国的斯塔福德郡。
用途：被用作护卫犬、伴侣犬和格斗犬。
毛色：皮毛可以是任何一种颜色，包括纯色、混色或花斑色。
每窝产崽数：5~10 只幼犬。

澳大利亚㹴

虽然对这条澳大利亚犬的官方血统尚不清楚，但因为它们具备适应干燥气候和灰尘环境的能力，被从不同犬种中挑选出来，成为最佳犬种。澳大利亚㹴也以捕蛇的能力而闻名。

描述：它们的外层皮毛粗糙，内层皮毛光滑致密，从而起到绝缘作用。

性情：这种犬是性格随和的乐天派，喜欢与人交往。它们不喜欢独自生活太久，更喜欢住在离人类很近的地方。不过，它们不喜欢猫。

有趣的事实

一直到 20 世纪，澳大利亚㹴和它们尖厉的吠声使它们成为理想的边境警卫犬。

统计

来源地：澳大利亚。
身高：23~28 厘米。
体重：4~6 千克。
寿命：12~15 年（84~105 犬龄）。
历史：19 世纪早期，粗毛类㹴犬被从英国带到了澳大利亚，澳大利亚㹴就是它们的后代。
用途：用于消灭啮齿动物和控制蛇。
毛色：标准犬种的颜色被形容为“不含沙质色的棕褐色”。
每窝产崽数：3~5 只幼犬。

贝灵顿㹴

贝灵顿㹴是在英国诺森伯兰培育出的犬种，最初被称为罗思伯里㹴。贝灵顿㹴和罗思伯里㹴都生活在诺森伯兰。

描述：这种犬看起来像一只后腿比前腿长的小羊。它们的头部是梨形的，看上去比较窄，口鼻处强劲有力。

性情：众所周知，这种犬很贪玩。它们重感情，个性愉快，这使它们成为一种很好的家庭伴侣犬。

统计

来源地：英国英格兰。
身高：40~43 厘米。
体重：8~10 千克。
寿命：12~15 年（84~105 犬龄）。
历史：是在英国诺森伯兰郡的乡下培育起来的犬种。
用途：最初被用来打猎狐狸、野兔和獾。
毛色：蓝色、沙色、红褐色、蓝色和棕褐色相间、沙色和棕褐色相间、红褐色和棕褐色相间。
每窝产崽数：3~6 只幼犬。

有趣的事实

因为个性勇敢、充满活力，贝灵顿㹴被称为“小发电机”。

边境㹴

英格兰和苏格兰边境的当地农民努力培育出了边境㹴这一犬种。这种犬的腿足够长，能整天和马并驾齐驱，但同时又足够短，能在洞穴里找到狐狸。

描述：边境㹴的身材适中，吃苦耐劳。外层毛又粗又密，而内层毛则厚实温暖。

性情：这种犬以聪明、精力充沛、意志坚强和个性活跃而闻名。众所周知，它们与儿童、其他犬和动物都相处得很好。

有趣的事实

边境㹴有很强的杀死和吃掉小动物的本能，有时它们可能会吃自己不喜欢的玩具。

统计

来源地：英国。
身高：33~40 厘米。
体重：6~7 千克。
寿命：12~15 年（84~105 犬龄）。
历史：19 世纪 60 年代，由诺森伯兰郡的罗布森家族培育出。
用途：被培养成为猎捕狐狸和有害小动物的猎手。
毛色：皮毛的颜色有红色、小麦色、灰色和棕褐色相间、蓝色与褐色相间。
每窝产崽数：4~5 只幼犬。

巴西㹴

与其他㹴相比，巴西㹴具有更强的捕猎本能，所以最好让它们远离其他小动物。这种犬喜欢追逐并探索周围环境。它们是巴西仅有的两个土生土长的犬种之一，其起源可追溯到 19 世纪。巴西㹴被广泛用于捕捉有害小动物和牧牛。

描述：这种犬头骨扁平，呈楔形。它们的胸部狭窄，但身体匀称。耳朵有些折叠，尾巴直立着或者保持自然。毛发是标准白色和棕褐色相间，并混有蓝色、黑色或棕色。

性情：这种犬非常贪玩、活泼、精力充沛，也很聪明。它们喜欢玩，喜欢和主人一起参加活动。

有趣的事实

巴西㹴需要足够的运动和玩耍时间，不适合成为养在公寓里的宠物犬。

统计

来源地：巴西。
身高：35~40 厘米。
体重：6~9 千克。
寿命：12~14 年（84~98 犬龄）。
历史：可能是由猎狐㹴或杰克·罗素㹴与其他小型犬种交配而成的。
用途：是很好的护卫犬和捕鼠犬。
毛色：三色短毛（白色毛发上有另外两种颜色，可以是黑色、棕褐色、棕色和蓝色）。
每窝产崽数：3~6 只幼犬。

斗牛㹴

当斗狗仍被当作一项运动时，人们培育了斗牛㹴。早期的饲养者希望创造出理想的格斗犬，它们不仅强壮灵活，而且性格勇敢，因此用英国白㹴和斗牛犬以及达尔马提亚犬进行交配，培育出这种犬。

描述：斗牛㹴身材健壮，体格结实，肌肉发达。它们最明显的特点是头顶是平的。

性情：斗牛㹴以其独特的外貌和性格吸引了许多人选择它们作为伴侣犬。人们认为它们非常勇敢、忠诚和独立。但是如果不严格控制，它们可能会攻击其他犬。最好让它们远离幼儿，因为它们具有攻击性。

统计

来源地：英国英格兰。
身高：51~61 厘米。
体重：20~36 千克。
寿命：10~12 年（70~84 犬龄）。
历史：19 世纪培育出。它们主要来自英国白㹴、斗牛犬和达尔马提亚犬。
用途：最初被用于斗狗这项“体育运动”，直到该项运动被宣布为非法。
毛色：短皮毛包括黑色、棕色带条纹色、红色、纯白色和三色。
每窝产崽数：3~4 只幼犬。

有趣的事实

白㹴被称为“白色骑士”，曾经是皇室最喜欢的犬种。

诺福克㹴

诺福克㹴和诺维奇㹴几乎一样，但还是可以区分的，它们的耳朵和体形有轻微差异。最初，猎人们为了猎捕啮齿动物和狐狸饲养了这种犬。

描述：它们身材短小结实，头略圆，眼睛小，耳朵向前耷拉着。

性情：诺福克㹴是体形最小的工作犬之一，以活跃、聪明、勇敢和平衡的天性而闻名。这种小狗爱每一个人，对孩子也很好。它们很容易被训练，但需要主人发出坚定和明确的命令。它们渴望一直有人陪伴，如果不去理睬它们，它们就会变得很有破坏性。它们通常能与其他犬和猫友好相处，但身边不要出现啮齿类的动物。

有趣的事实

诺福克㹴喜欢运动，尤其喜欢在公园里散步。

统计

来源地：英国英格兰。
身高：25~30 厘米。
体重：4~5 千克。
寿命：12~15 年（84~105 犬龄）。
历史：是在英格兰的东英吉利地区培育出来的犬种。耳朵低垂，这点与诺维奇㹴不同。
用途：被用来捕猎老鼠和狐狸。
毛色：毛发颜色为红色、棕褐色、小麦色、黑棕褐色，偶尔出现白色斑纹。
每窝产崽数：3~5 只幼犬。

丹迪丁蒙㹴

这是一种身材矮小的㹴，身体很低，几乎要碰到地面。这一犬种非常受吉卜赛人和旅行者的欢迎，因为它们袖珍的身材适合生活在大篷车里。丹迪丁蒙㹴最初被用于捕捉水獭和獾，在吉卜赛人和富人中很受欢迎。这种犬从中世纪就开始被培育了。

描述：它们的身长要比身高长得多，体形看起来像黄鼠狼。它们有又大又圆的脑袋，头顶上柔滑的毛发看起来像个顶髻，身上的毛发由硬毛和软毛混合而成。

性情：这种犬深情而活泼，人们觉得它们勇敢、聪明。不过如果没经过良好的训练，它们可能过于独立。

统计

来源地：英国苏格兰。
身高：20~28 厘米。
体重：8~11 千克。
寿命：12~15 年（84~105 犬龄）。
历史：历史可追溯到 18 世纪。
用途：最初是农民用它们来消灭有害小动物的。
毛色：毛色包括胡椒色（深蓝黑色到明亮的银灰色）或芥末色（从红棕色到浅黄褐色）。
每窝产崽数：3~6 只幼犬。

有趣的事实

1814 年，沃尔特·斯科特爵士在他著名的小说《盖伊·曼纳林》中写到了这一犬种。

细毛猎狐㹴

这是由腊肠犬、英国猎犬以及后来的猎狐犬和比格犬杂交而成的犬种，农民们用它们来驱赶老鼠。细毛猎狐㹴起源于17世纪的英国。

描述：这是身材中等大小的犬，它们有扁平的头骨和狭窄的眼睛。它们皮毛平坦而光滑，但非常浓密。灵敏的鼻子、良好的视力和耐力是这一犬种的主要特点。

性情：它们以高度热情的天性而闻名，喜欢与孩子们嬉戏。它们很勇敢，对家庭非常忠诚。它们也喜欢有人陪伴，性格非常活跃，生机勃勃。细毛猎狐㹴的主人应该知道它们具备很好的挖掘能力，有可能去挖掘自家的花园！

有趣的事实

短毛猎狐㹴是最古老的㹴犬之一，起源于18世纪的不列颠群岛。

统计

来源地：英国英格兰。
身高：35~40厘米。
体重：7~9千克。
寿命：12~15年（84~105犬龄）。
历史：从18世纪以来，这种犬就作为一个独特的犬种在英格兰生活。最早关于它们的记载可追溯到1790年。
用途：被用来迫使狐狸从地下的洞穴中逃离，让猎狐犬来追逐。
毛色：主要是白色带有黑色或棕色斑纹。
每窝产崽数：3~6只幼犬。

爱尔兰㹴

爱尔兰㹴也许是最古老的㹴犬品种之一，被认为有2 000年的历史。这种犬能很好地适应城市和农村生活。人们最早为了放羊、保卫财产和狩猎而培育了爱尔兰㹴。

描述：爱尔兰㹴中等身材，身长要比身高还长一些。它们有黑色的小眼睛和浓密的眉毛，耳朵很小，从头骨的正上方向前折叠着。外层毛发又厚又粗又硬。

性情：它们勇敢而有活力，被称为“冒险者”。这是一种有趣的伴侣犬和有爱的宠物。它们的忠诚和奉献精神使其成为很好的护卫犬，但它们与其他犬不能友好相处。此犬种需要不断的运动和工作，以保持身体健康和精神专注。

统计

来源地：爱尔兰。
身高：46~51厘米。
体重：11~12千克。
寿命：12~15年（84~105犬龄）。
历史：是在爱尔兰发展起来的犬种，但确切起源未知。
用途：是被作为一种工作犬种而培育的。
毛色：金红色、红小麦色或小麦色。
每窝产崽数：4~6只幼犬。

有趣的事实

爱尔兰㹴最早的形象出现在17世纪的一幅画中。

有趣的事实

德国猎㹴喜欢追逐、探索和挖掘。

德国猎㹴

德国猎㹴是一种工作犬，原产于德国，用于地面和地下狩猎。

描述：这种犬身体健壮，身材紧凑而平衡。它们的下巴骨骼结实，强劲有力。鼻子总是黑色的。

性情：这种犬忠诚而充满爱心，它们总是贪玩而快乐的。尽管它们总是很精神，但对主人却很顺从，而且很勇敢。

统计

来源地：德国。
身高：33~40 厘米。
体重：8~10 千克。
寿命：13~15 年（91~105 犬龄）。
历史：两次世界大战期间，通过在德国举行的一次具有高度选择性的繁育项目，培育出了这一犬种。
用途：培育这一犬种是为了狩猎。
毛色：最常见的颜色有黑色和棕褐色。
每窝产崽数：3~8 只幼犬。

凯利蓝㹴

凯利蓝㹴是爱尔兰的国㹴。它们既能被用作普通的工作犬，也能很好地完成各种任务。它们现在被培育成伴侣犬和工作犬。

描述：这种犬中等体形，肌肉发达，有黑色的鼻子和宽大的鼻孔，尾巴又高又直。

性情：它们活泼、贪玩、滑稽，这种犬以能逗人发笑而闻名。它们热爱自己的家庭，喜欢和主人在一起，但不喜欢和其他犬相处。

统计

来源地：爱尔兰。
身高：45~50 厘米。
体重：15~18 千克。
寿命：12~15 年（84~105 犬龄）。
历史：人们认为这种犬起源于 17 世纪爱尔兰的凯利郡。
用途：是用途广泛的工作犬，尤其能被用于消灭有害小动物。
毛色：毛色从黑色到深蓝色，带有淡淡的棕色或棕褐色或蓝灰相间色调。
每窝产崽数：4~8 只幼犬。

有趣的事实

凯利蓝㹴天生就有黑色的毛发。

有趣的事实

在一场比赛中，一只名叫比利的曼彻斯特㹴在 6 分 13 秒内杀死了 100 只老鼠。

曼彻斯特㹴

曼彻斯特㹴是已知的最古老的㹴犬品种。因为善于捕捉老鼠，它们获得了“捕鼠㹴”的绰号。

描述：这种犬体形紧凑，肌肉发达。它们的脑袋又长而尖，眼睛又黑又小，有光滑的短毛。

性情：它们精力充沛，活泼开朗。众所周知，这种犬非常聪明，求知欲强。它们忠心耿耿，永远是主人的好朋友。

统计

来源地：英国英格兰。
身高：38~41 厘米。
体重：8~9 千克。
寿命：12~15 年（84~105 犬龄）。
历史：19 世纪，约翰·休谟在曼彻斯特培育出这种犬。
用途：被培养成为老鼠猎手。
毛色：毛发为黑色和棕褐色。
每窝产崽数：2~4 只幼犬。

罗素㹴

罗素㹴，或称杰克·罗素㹴，是工作犬，具有在地下狩猎的本能。它们身上有猎狐㹴的血统，而猎狐㹴在19世纪是被用于捕猎狐狸的犬种。

描述：它们是强壮和结实的㹴犬，总是非常警觉。它们的头是平的，身体长度与头的长度成比例。

性情：这种犬以欢乐、愉快的精神而闻名，是一种忠诚而有爱心的狗。它们对孩子们一般都很友好。它们容易激动，勇敢无畏，有时会比较躁动。

有趣的事实

罗素㹴最初是由牧师杰克·罗素培育的。他出生于1795年，既是牧师，也是狩猎爱好者。

统计

来源地：英国。
身高：25~38厘米。
体重：6~8千克。
寿命：12~15年（84~105犬龄）。
历史：被用作一种小型捕猎犬，特别是捕猎红狐。
用途：在19世纪被用于猎狐。
毛色：基本上为白色，带有黑色或棕褐色斑纹。
每窝产崽数：4~8只幼犬。

诺维奇㹴

诺维奇㹴是一种小型犬，也是非常耐寒的犬种。它们也是工作犬，有必要每天散步，以保持健康。

描述：这种犬身材矮小结实，脑袋圆圆的。椭圆形的眼睛颜色很深，耳朵直立。毛发又直又硬。

性情：它们活泼勇敢，喜欢和人相处，因为天性贪玩，它们尤其喜欢和孩子们在一起。

统计

来源地：英国英格兰。
身高：25~30厘米。
体重：4~5千克。
寿命：12~15年（84~105犬龄）。
历史：和诺福克㹴一样，诺维奇㹴也是在东英吉利培育的犬种。
用途：被用于捕猎老鼠和狐狸，娇小的身体使它们能轻易进出狐狸洞。
毛色：红色、黑色、小麦色、黑棕褐色，有时身体上还会出现黑色斑点和白色斑纹。
每窝产崽数：1~3只幼犬。

有趣的事实

诺维奇㹴有着直立的耳朵，而诺福克㹴的耳朵则是下垂的。

凯恩㹴

这种犬最早于16世纪在苏格兰的斯凯岛上被用作捕鼠犬。凯恩㹴之所以得名，是因为它们能穿过成堆的被称为“凯恩”的岩石。这一犬种擅长驱赶老鼠，甚至会对付水獭。

描述：这是一种小型运动犬，有毛茸茸的外表，耳朵竖立在头顶上。

性情：这种犬以聪慧、精力充沛、性格开朗著称。它们是忠诚的宠物和保护者，是那些活跃家庭的理想选择。

有趣的事实

演艺界明星莱莎·明奈利拥有一只名叫丽丽的凯恩㹴。

统计

来源地：英国苏格兰。
身高：25~33厘米。
体重：6~8千克。
寿命：12~15年（84~105犬龄）。
历史：16世纪，这种犬在苏格兰发展而来。
用途：最初被用作捕鼠犬。
毛色：外层皮毛可以是奶油色、小麦色、红色、沙色、灰色，或在这些颜色上带条纹。
每窝产崽数：4~6只幼犬。

苏格兰㹴

这种㹴犬也被称为斯科蒂。繁育者声称这一现代犬种可以追溯到一只名叫斯普琳特二世的母犬。

描述：这种犬的身材像水桶一样，颈部和身体肌肉发达。与身长相比，它们的头部显得更长。

性情：此犬种个性警觉，总是能迅速站起来。众所周知，它们还具有领土意识、顽固性和好斗性。

有趣的事实

邓巴顿第四伯爵乔治为这种犬起了"铁硬汉"的绰号，因为它们的性格特别勇敢。

统计

来源地：英国苏格兰。
身高：25~28 厘米。
体重：8~10 千克。
寿命：11~13 年（77~91 犬龄）。
历史：苏格兰㹴与西高地白㹴关系密切。
用途：被用来捕猎巢穴里的兔子、水獭、狐狸、獾等动物。
毛色：黑色、棕色带条纹、小麦色。
每窝产崽数：1~6 只幼犬。

锡利哈姆㹴

这种㹴是威尔士土生土长的犬种。好莱坞的精英们喜欢拥有这种犬，这个行业中一些重量级人物，比如阿尔弗雷德·希区柯克就拥有这种犬。

描述：这个犬种身体结实，但身材矮小。它们有圆顶形的头骨和一条传统的直尾巴。

性情：这种犬小的时候非常活跃，精力充沛，随着年龄的增长，它们会变得更加放松。

统计

来源地：英国威尔士。
身高：25~28 厘米。
体重：6~9 千克。
寿命：12~15 年（84~105 犬龄）。
历史：约翰·爱德华兹上尉培养了这一犬种，目的是利用它们强大的捕猎能力捕捉藏身地下的獾和水獭。
用途：最初被用来挖出小猎物。
毛色：毛发总是白色的，有时会带有柠檬色、黑色、棕色、蓝色和黑棕混合色的斑纹。
每窝产崽数：3~6 只幼犬。

有趣的事实

约翰·爱德华兹上尉在位于威尔士的哈弗福德韦斯特拥有一座名为锡利哈姆的房产，他把房产的名字给了这种犬。

斯塔福德郡斗牛㹴

这一犬种相当古老，最初是为了斗狗而培育的。

描述：这种犬体形中等，身体结实，肌肉发达。它们的头部宽阔，下巴像剪刀一样咬合在一起。

性情：这种犬聪明勇敢，对熟悉的人显示出很深厚的感情。它们天性友好，令人信任，然而它们需要接受认真训练。一般它们对其他犬不太友好。

有趣的事实

由于斯塔福德郡斗牛㹴非常能适应新家和新主人，它们经常成为偷狗贼的目标。

统计

来源地：英国英格兰。
身高：35~40 厘米。
体重：11~17 千克。
寿命：12~15 年（84~105 犬龄）。
历史：这种犬的祖先被称为"公牛㹴"。
用途：最初是为了斗狗而培育的犬种。
毛色：棕色带条纹、黑色、红色、浅黄褐色、蓝色、白色，或者任何这些颜色的混合。
每窝产崽数：6~8 只幼犬。

有趣的事实

当维多利亚女王早期对斯凯㹴表现出兴趣时，这种犬变得很受欢迎。

斯凯㹴

这种犬也是㹴犬，是来自苏格兰西海岸斯凯岛的稀有品种。

描述：这种犬体形中等，但腿很短。它们的整个身体很长，覆盖着双层的毛发，内层皮毛柔软，外层皮毛又硬又直。

性情：这种犬以非常独立和勇敢著称，同时也很忠诚。建议从早期就对它们进行社会化训练。

统计

来源地：英国苏格兰。
身高：25~28 厘米。
体重：9~11.5 千克。
寿命：12~15 年（84~105 犬龄）。
历史：斯凯㹴的起源充满神秘色彩，没有任何一种说法被证实。
用途：培育这种犬最早是为了狩猎。
毛色：毛发包括浅黄褐色、蓝色、深灰色或浅灰色、金色，或者黑色，在耳朵和口鼻处带有黑点。
每窝产崽数：3~6 只幼犬。

威尔士㹴

如今威尔士㹴多被视作观赏犬，但最初繁育这个品种是为了追捕狐狸、啮齿类动物和獾。

描述：它们体形中等，体格健壮，肌肉紧实，骨架呈长方形。脸则被形容为“板砖脸”。

性情：它们活泼乐天，从来不会害羞，不过一旦被激怒了，会摆出一副拒人千里之外的态度。

统计

来源地：英国威尔士。
身高：30~38 厘米。
体重：9~10 千克。
寿命：10~12 年（70~84 犬龄）。
历史：威尔士㹴在英国被称为观赏犬的历史并不长（因为它们主要被用作工作犬），且直到 19 世纪才获得正式的注册认证。
用途：最早被培育为帮助猎人打猎的工作犬。
毛色：头部、四肢和下腹部呈褐色，背部为黑色或灰色，形似马鞍。
每窝产崽数：3~5 只幼犬。

有趣的事实

历史学家朱利安・考尔德和阿拉斯泰尔・布鲁斯经研究认为，威尔士㹴是英国最古老的犬种之一。

有趣的事实

有一种狗粮的品牌吉祥物就是西高地白㹴。

西高地白㹴

西高地白㹴在英国被昵称为“小西”，是 19 世纪中叶苏格兰人所繁育的用来猎狐和獾的品种。

描述：这类犬胸部宽阔，四肢肌肉发达，颅骨较大，牙齿呈剪状咬合。眼睛状如杏仁，颜色较深。

性情：它们天生强壮，易于被训练，尽管体形小，却个性顽强有主见。

统计

来源地：英国苏格兰。
身高：25~30 厘米。
体重：7~10 千克。
寿命：12~15 年（84~105 犬龄）。
历史：最早的西高地白㹴由爱德华・唐纳德・马尔康姆上校及其家人，在阿盖尔郡的波尔托洛繁育。
用途：被用来搜罗和捕猎狐狸和獾。
毛色：白色。
每窝产崽数：2~8 只幼犬。

刚毛猎狐㹴

这一品种是由猎人培育的。它们外观看起来与短毛猎狐㹴相似，但这两个品种其实是分别培育的，没有交集。

描述：这一犬种体格强壮有力，被毛粗粝，极具辨识度。

性情：这种犬仿佛有挥洒不完的精力，且头脑发达。由于它们喜欢扎堆在一个大家庭里，且喜欢与每个家庭成员套近乎，所以是很理想的宠物。

有趣的事实

来自比利时的著名连环漫画《丁丁历险记》中的白雪就是一只硬毛猎狐㹴。

统计

来源地：英国英格兰。
身高：35~40 厘米。
体重：7~9 千克。
寿命：12~15 年（84~105 犬龄）。
历史：这个品种的祖先是目前已经灭绝的，曾经生活在英国威尔士、德比郡和杜伦郡的一种被毛粗硬、毛色黑棕相间的工作犬。
用途：培育这种犬是为了追捕逃进地下洞穴的狐狸。
毛色：绝大多数情况下是白色底色，在面部、双耳和身体某些部位有棕色斑纹。
每窝产崽数：3~6 只幼犬。

智利猎狐㹴

智利猎狐㹴是在 19 世纪中叶发展起来的，是由猎狐㹴与南美洲土狗杂交而成的犬种。

描述：这种犬是短毛犬。它们的耳朵很高，呈倒“V”形指向上方。牙齿发育良好，能像剪刀一般咬合。

性情：这是非常干净和健康的犬种。它们很容易被训练并且喜欢参加各种活动。

统计

来源地：智利。
身高：28~38 厘米。
体重：5~8 千克。
寿命：10~12 年（70~84 犬龄）。
历史：原产于智利，从 1870 年就开始存在，20 世纪 90 年代被标准化。
用途：是被作为捕鼠犬而培育的犬种，后来慢慢变成很受欢迎的宠物犬。
毛色：最常见的毛色是白色皮毛上带有黑色和棕褐色斑点。
每窝产崽数：4~6 只幼犬。

有趣的事实

尽管在智利已经为智利猎狐㹴举办了多次展览，但该犬种还没有得到国际认可。

小型斗牛㹴

这一犬种最早被记载于 1872 年。

描述：和斗牛㹴一样，小型斗牛㹴的毛发很短并有光泽，毛发非常接近皮肤。它们的肩膀肌肉发达，身体强壮。

性情：小型斗牛㹴很可爱，有时也很固执。尽管如此，对那些空间有限的人而言它们会是很棒的宠物。但它们精力充沛，需要很大运动量。

有趣的事实

小型斗牛㹴最初是由一位叫詹姆斯·辛克斯的饲养员在伯明翰附近培育的。

统计

来源地：英国英格兰。
身高：25~35 厘米。
体重：11~15 千克。
寿命：10~12 年（70~84 犬龄）。
历史：最早培育斗牛㹴的时候，它们的体形差异很大，小型斗牛㹴是从体形更小的品种里发展而来的。
用途：被作为格斗犬发展而来。
毛色：白色或白色和其他颜色的混色。
每窝产崽数：4~6 只幼犬。

艾莫劳峡谷㹴

这是一种猎犬，是来自爱尔兰威克洛郡艾莫劳峡谷的四种爱尔兰㹴之一。

描述：它们身体结实，由于腿短，身躯低至地面，这使它们看起来更像威尔士柯基犬。头与身体成比例，头骨宽且略呈圆顶状，口鼻处逐渐变细。

性情：它们以生机勃勃著称。它们勇敢，有耐心，对主人非常忠诚。它们对人类声音的音调非常敏感，并不会被比主人声音更响亮的声音分散注意力。它们不喜欢和其他犬在一起。

有趣的事实

艾莫劳峡谷㹴是在16世纪下半叶出现的，用于猎捕地下的獾和狐狸。

统计

来源地：爱尔兰。
身高：35~40厘米。
体重：15~16千克。
寿命：13~14年（91~98犬龄）。
历史：确切起源尚不清楚，但是在爱尔兰威克洛山艾莫劳峡谷中发展起来的犬种。
用途：原来是捕獾用的猎犬，也被当作格斗犬。
毛色：毛色包括小麦色、蓝色或者棕色带条纹。
每窝产崽数：3~5只幼犬。

荷兰斯牟雄德犬

虽然对这个犬种的确切起源尚不清楚，但它们似乎与德国雪纳瑞犬有关。第二次世界大战后，这一犬种几乎绝迹，但一些敬业的繁育者努力挽救了这个犬种。荷兰斯牟雄德犬最初被视为性格稳定的犬，在马厩里猎捕老鼠和其他有害小动物。

描述：由于有着毛茸茸的皮毛，这种犬的外表显得自然而粗犷。它们的头略圆，眼睛小，耳朵高高地长在头上。它们有像猫一样的脚，足部紧凑并覆盖着长长的皮毛。

性情：这是一种非常善于交际、精力充沛而又顺从的犬种。这种犬喜欢有人在身边，重感情，并且很容易打理，是一种迷人的伴侣犬。它们需要每天长时间散步。

统计

来源地：荷兰。
身高：36~43厘米。
体重：9~10千克。
寿命：12~15年（84~105犬龄）。
历史：1945年几乎绝迹，1973年启动了一项恢复该品种的培育计划。
用途：用作护卫犬和家养宠物犬。
毛色：不同色度的黄棕色。
每窝产崽数：5~7只幼犬。

有趣的事实

作为绅士的伴侣犬，荷兰斯牟雄德犬在18世纪后期非常受欢迎。

查尔斯国王骑士猎

由于体形很小，除了陪伴之外缺乏实际用途，这种非常受欢迎的犬被称为“玩赏犬”。

描述：查尔斯国王骑士猎可能是从东方一种体形更大的猎犬培育而来的，基本上就是有着相同丝滑皮毛和松软耳朵的猎犬的迷你版。

性情：这是一种生机勃勃、感情丰富的犬，似乎永远快乐而顽皮。它们也被视为哈巴狗，对儿童和老人都很友好。

有趣的事实

查尔斯国王骑士猎是西班牙国王查尔斯二世特别喜爱的猎犬。不应将它们与体形更小、鼻子较短的查尔斯国王猎相混淆。

统计

来源地：可能是日本。从 16 世纪起在欧洲就为人所知。
身高：31~33 厘米。
体重：5.5~8 千克。
寿命：9~14 年（63~98 犬龄）。
历史：深受查尔斯二世国王的喜爱，但这种犬的数量一直在下降，到 20 世纪 20 年代才有所回升。
用途：宠物犬和伴侣犬。
毛色：白色、黑色和棕褐色、栗色和红宝石色等颜色的组合。
每窝产崽数：5~7 只幼犬。

意大利灵猩

意大利灵猩是一个长久以来备受欢迎的古老品种。它们的形象出现在古埃及的墓穴里，也出现在 2 000 年前的地中海装饰艺术作品中。它们的被毛很短，易于打理和维护。小巧的体形使它们成为公寓住客挑选宠物的理想选择。

描述：这种犬体格纤长，头部长而窄，被毛短而富有光泽。

性情：它们精力旺盛，爱玩，感情丰富，爱亲近人，聪明。对人的声调变化特别敏感，易于被训练，也乐于和主人多相处。它们对孩子非常温和友好。意大利灵猩非常好动，需要主人每天遛狗，并保证规律的运动量。

统计

来源地：经埃及传入意大利。
身高：30~38 厘米。
体重：3~5 千克。
寿命：12~15 年（84~105 犬龄）。
历史：在庞贝古城曾发现这一犬种的象形图腾。
用途：伴侣犬。
毛色：各种颜色都有，包括灰色、红色、浅黄褐色、黑色、白色或奶油色。
每窝产崽数：3~5 只幼犬。

有趣的事实

英国国王詹姆斯一世和他的妻子、丹麦的安妮、俄国叶卡捷琳娜大帝，以及维多利亚女王，都拥有意大利灵猩。

墨西哥无毛犬

墨西哥无毛犬是一种罕见的无毛犬，体形大小不一。它们被认为是闪电和死亡之神索洛托在人间的代表，它们的墨西哥名字也是来源于此。

描述：这种犬最显著的特征之一是完全或几乎没有毛发，皮肤光滑而柔软。

性情：这是一种非常聪明、忠诚、警觉、爱运动的犬，也是非常有爱心的犬种。它们天生具有保护欲，非常忠诚，但在陌生人面前则显得冷漠而矜持。

有趣的事实

以前，墨西哥的土著人会吃墨西哥无毛犬的肉。

统计

来源地：墨西哥。
身高：51~76 厘米。
体重：11~27 千克。
寿命：15~20 年（105~140 犬龄）。
历史：索洛犬或墨西哥无毛犬是世界上最古老、最稀有的犬种之一，其历史可以追溯到 3 000 多年前。
用途：被用作暖床、食品和祭祀。
毛色：随着成熟，它们的皮肤颜色会发生变化。
每窝产崽数：3~5 只幼犬。

中国冠毛犬

这个品种最早起源于非洲，一度被叫作“非洲无毛狸”。中国商人在停靠非洲海岸的时候选中了这种犬上船捕鼠并带回中国，因此它们被赋予了现在的名字。

描述：可分为两个特征鲜明的种类：无毛种和粉扑种。其中，粉扑种的皮肤和体表短毛颜色深浅混合，全身看起来像在深色的底色撒上了浅色的粉点，故而得名。

性情：这种犬非常机警、可爱、富有吸引力。

来源地：非洲。
身高：30~35 厘米。
体重：3~4 千克。
寿命：10~12 年（70~84 犬龄）。
历史：关于这个品种的起源，比较普遍的观点是，它们和墨西哥无毛犬隶属同一祖先。无毛犬的出现是基因退化的产物。
用途：最初被作为伴侣犬培育，但后来也被用于捕鼠。
毛色：确切来说应该是“肤色”，从裸肉色到黑色深浅不一。
每窝产崽数：2~4 只幼犬。

统计

有趣的事实

一只名叫山姆的无毛中国冠毛犬于 2003—2005 年蝉联“世界最丑狗狗”桂冠。

玩具曼彻斯特狸

世界犬业联盟和英国养犬俱乐部尚未承认这一品种是独立于曼彻斯特狸之外的独立品种。

描述：它们体形小，但四肢和尾巴较长，还有一对直立着的耳朵。

性情：这个品种以高智商闻名。它们活泼又敏捷，机智又充满学习欲望。天性独立，但也非常服从主人。

有趣的事实

这一品种与德国迷你宾莎犬外观相似，但它们的祖先其实没有交集。

统计

来源地：英国英格兰。
身高：25~30 厘米。
体重：3~4 千克。
寿命：12~15 年（84~105 犬龄）。
历史：主要是在北美地区培育该品种，方式是通过曼彻斯特狸来繁育。
用途：理想的伴侣犬。
毛色：有深褐色斑纹。
每窝产崽数：2~4 只幼犬。

澳洲丝毛㹴

澳洲丝毛㹴被认为是澳大利亚㹴和约克夏㹴的杂交品种。这种犬起初是被训练来捕杀老鼠等家庭常见的啮齿类动物的。

描述：它们骨骼强健，被毛柔长。尽管体重较轻，肌肉却很紧实，四足状如猫爪，小巧并有柔软的肉垫。澳洲丝毛㹴最具标志性的特征，就是一身褐色和蓝色相间的毛发。

性情：小身材，大用场！别看它们体形小，但对主人有着极高的保护欲和忠诚度。不要粗暴地对待它们，不然它们会十分具有攻击性。它们很适合作为孩子们的宠物，可以陪孩子玩上几个小时。澳洲丝毛㹴精力充沛，简直一刻不能缺少伴侣。

有趣的事实

这个品种在北美被叫作“丝毛㹴”，但在来源地被叫作“澳洲丝毛㹴”。

统计

来源地：澳大利亚。
身高：23~25 厘米。
体重：4~6 千克。
寿命：12~15 年（84~105 犬龄）。
历史：最早于 19 世纪末在澳大利亚繁育产生。
用途：既是宠物犬，也是展示犬。
毛色：银色混褐色、蓝色混褐色或黑色混褐色。

博洛尼亚犬

这个品种的历史可追溯到 12 世纪，它们的名字来源于一个意大利城市博洛尼亚。尽管博洛尼亚犬性格比较内向，但它们往往能够与家庭成员建立起深厚感情，并成为家庭的理想伴侣。

描述：它们体格结实，躯干和四肢肌肉发达。长长的被毛聚拢为很多毛束，也叫毛簇，覆盖全身。

性情：这个品种的犬以乐观、聪明、温顺而闻名。它们作为家庭的伴侣特别合适，因为它们能够和孩子以及其他犬相处融洽。它们需要每天被带出去遛遛，或以其他形式进行活动，不然可能会行为异常。同时，它们也需要持续的关爱。

统计

来源地：意大利。
身高：25~30 厘米。
体重：2~4 千克。
寿命：12~14 年（84~98 犬龄）。
历史：16 世纪，博洛尼亚犬成为西班牙王室和贵族的最爱，此后它们一直都是很受欢迎的品种。
用途：尽管主职是伴侣犬，它们也从事捕鼠这样的副业。
毛色：白色。
每窝产崽数：3~7 只幼犬。

有趣的事实

著名画家提香和戈雅等都曾在他们的画作中描绘过博洛尼亚犬。

吉娃娃犬

吉娃娃犬是美洲最古老的品种之一，也是全世界体形最小的品种。

描述：它们体形娇小，躯干长于身高，有一颗小巧的苹果型的脑袋和一双圆圆的竖立起来的大耳朵。被毛有短毛、长毛、卷毛或直毛等不同种类。

描述：吉娃娃犬是出了名的身小胆大，个性非常活跃、傲娇，爱冒险，喜欢成为焦点来吸引关注和喜爱。它们以忠诚闻名，很黏主人。

有趣的事实

在哥伦布发现美洲大陆之前，吉娃娃被当地土著当作神犬，它们也是很多上流社会人士热衷的宠物。

统计

来源地：墨西哥。
身高：15~23 厘米。
体重：1~3 千克。
寿命：12~15 年（84~105 犬龄）。
历史：关于吉娃娃的起源，比较广为流传的说法是，它们是另一个名叫特奇奇的品种的后代。特奇奇是墨西哥历史上托尔特克文明时期受欢迎的犬类。
用途：伴侣犬和宠物犬。
毛色：包括黑色、白色、栗色、浅黄褐色、沙色、银色、深褐色、铁青色、黑色混褐色、杂色等，种类多样。
每窝产崽数：3~5 只幼犬。

图莱亚尔绒毛犬

直到大约 20 年前，这种犬才为欧洲和美国所知。几个世纪以来，它们一直是马达加斯加南部富裕居民喜爱的伴侣犬。

描述：这种犬的名字暗指它们的皮毛如棉花一般，这是它们不寻常且独特的特色。

性情：这种犬个性友好、警觉、重感情，它们也被认为是非常温和的犬。它们具有善于交际的天性，这意味着它们能与孩子和其他动物和睦相处。

统计

来源地：马达加斯加。
身高：25~30 厘米。
体重：5~7 千克。
寿命：14~16 年（98~112 犬龄）。
历史：在马达加斯加岛上发展起来，是被海盗船运来的犬的后代。
用途：被用作船上的伴侣犬，并用来控制船上的老鼠。
毛色：白色或黑色的毛发又长又蓬松，覆盖着前肢。
每窝产崽数：平均 5 只幼犬。

有趣的事实

图莱亚尔绒毛犬是马达加斯加的官方犬种。

英国玩具㹴

英国玩具㹴是由古代英国黑褐㹴发展而来的品种，与体形更大的曼彻斯特㹴是近亲。

描述：它们以无与伦比的速度闻名狗界。四肢、胸膛和脸部有明显的斑纹。

性情：它们情绪高昂，富有力量，有旺盛的学习欲望。对于主人来说，英国玩具㹴是一个细心、乐于奉献又富有忠诚精神的朋友，同时它们也渴望从主人那里得到更多关注。

有趣的事实

在维多利亚时代的英国曾流行这样一种下注游戏：在一个圆形的深坑里赶入几只英国玩具㹴和一群老鼠，看客们下注赌哪条狗能最快抓到老鼠。

统计

来源地：英国英格兰。
身高：25~30 厘米。
体重：3~4 千克。
寿命：12~15 年（84~105 犬龄）。
历史：历史更悠久的英国黑褐㹴是这个品种的祖先，它们还有个近亲是曼彻斯特㹴。
用途：多被用作宠物犬。
毛色：底色必须是黑色的，且褐色的斑纹要清晰明显。
每窝产崽数：1~7 只幼犬。

布鲁塞尔格里芬犬

这个品种归在玩赏犬的品类下，其名称来自发源地比利时的布鲁塞尔。

描述：它们体形小但很结实，根据被毛种类可分为细毛和粗毛两个种类。细毛的外观类似拳狮犬，而粗毛的则类似澳大利亚丝毛㹴。

性情：它们渴望获得主人的关注，且总是想方设法黏着主人。要训练这种犬并不容易，因为它们总是摆出一副高傲的姿态。

来源地：比利时。
身高：18~20 厘米。
体重：3~6 千克。
寿命：12~15 年（84~105 犬龄）。
历史：祖先是一种被称为斯姆耶的古老品种。
用途：19 世纪时，最早被用来作为捕鼠工作犬，另外，当时布鲁塞尔街头出租马车的车夫也喜欢养这类犬作为伴侣。
毛色：包括红色、黑色和黑混褐双色。
每窝产崽数：1~3 只幼犬。

有趣的事实

布鲁塞尔格里芬犬只对它们认定的某个人亲近。

哈瓦那犬

哈瓦那犬属于比熊犬家族的成员，是 18 到 19 世纪古巴贵族的挚爱。

描述：哈瓦那犬全身覆盖着微卷或鬈曲的丝滑被毛。如果它们的被毛没有修剪或打理，它们看起来会非常邋遢。

性情：这是性格天真烂漫的伴侣犬，非常温和，对人感情丰富且善于与人做情感呼应。

有趣的事实

哈瓦那犬是古巴的国犬。

统计

来源地：古巴。
身高：20~28 厘米。
体重：3~6 千克。
寿命：14~15 年（98~105 犬龄）。
历史：哈瓦那犬是比熊观赏犬的后代，在 17 世纪传入古巴。
用途：伴侣犬。
毛色：可以是任何毛色，包括奶油色、金色、白色、银色、蓝色和黑色。
每窝产崽数：3~5 只幼犬。

猴面宾莎犬

虽然没有太多的资料说明这一犬种的起源，但人们相信它们与布鲁塞尔格里芬犬有关。它们曾是农场犬，体形曾经比现在大得多。

描述：这种小型犬有毛茸茸的毛发，脸上的毛发要比身体其他部位的更长。

性情：众所周知，猴面宾莎犬在性格上与㹴犬相似。它们自信而勇敢，也有着公认的警觉和顽固性格。

有趣的事实

人们相信从18和19世纪开始，猴面宾莎犬这种小型犬就已经成为宠物犬，正如今日一样。

统计

来源地：德国、法国。
身高：25~38厘米。
体重：3~4千克。
寿命：11~14年（77~98犬龄）。
历史：起源于17世纪的德国。
用途：用于消灭厨房、谷仓和马厩里的老鼠。
颜色：黑色、灰色、银色、红色、黑色和棕褐色，或黑色、白色、棕色、红色的混合色；带或不带黑色“面具”。
每窝产崽数：2~3只幼犬。

日本狆

日本狆与日本皇室颇有渊源。它们又名日本猎，属于玩赏犬。

描述：日本狆体格健壮，肌肉结实。它们是非常聪明的品种，同时兼具警觉和灵活的特点。它们头部宽阔，双眼和两边嘴角的间距也比较宽。

性情：这种犬被描述为像猫一样的狗，因为它们会用爪子洗脸。它们天性聪明，爱好独立，是人类忠诚的伴侣。日本狆喜欢学习新的戏法并表演给人看！尽管它们也喜欢在户外玩耍，却可以轻松适应空间有限的公寓生活。

统计

来源地：日本。
身高：18~28厘米。
体重：2~5千克。
寿命：10~12年（70~84犬龄）。
历史：尽管它们的出身已成了谜，但人们认定这一品种的祖先来自中国。
用途：伴侣犬、观赏犬。
毛色：白色底色加色块。色块常为黑色，也有红色、柠檬色、橙色、深褐色、黑白混色加褐色斑点，或杂色斑纹。
每窝产崽数：1~3只幼犬。

有趣的事实

由于日本狆对人类表现亲近，且能够很好地适应新的环境，它们经常被用作治疗犬。

马尔济斯犬

马尔济斯犬属于玩赏犬的一种。有一种说法认为，这种犬的祖先来自地中海中部地区。

描述：它们身体小巧结实，全身覆盖着长而直的丝滑毛发，垂顺及地。

性情：它们是完美的伴侣，因为它们天性爱玩且活泼。同时它们也非常活跃，时刻渴望获得关注和关爱。

有趣的事实

有时，由于缺乏日晒，马尔济斯犬的鼻子会变为粉色或浅棕色，即所谓的“冬季鼻子”。

统计

来源地：可能是西西里或马耳他。
身高：20~25厘米。
体重：2~3千克。
寿命：12~15年（84~105犬龄）。
历史：该品种历史悠久，在历史上曾沿用不同的名称，目前通用的“马尔济斯”这一名称是在19世纪确定下来的。
用途：良好的伴侣犬。
毛色：白色。
每窝产崽数：2~4只幼犬。

小鹿犬

小鹿犬在德国繁育，带有腊肠犬、意大利灵猩和短毛、德国宾莎犬的基因，外形类似杜宾犬。

描述：它们体形小但肌肉矫健，脑袋和身体的比例很协调。耳朵高高耸起，有的顶部较尖，有的形态自然。被毛短而顺滑。

性情：它们情绪高昂，非常警觉，很活泼，同时也很勇敢。背部隆起状如山脊。

有趣的事实

这个品种江湖上人称“玩赏犬之王”。

统计

来源地：德国。
身高：25~30 厘米。
体重：4~5 千克。
寿命：12~15 年（84~105 犬龄）。
历史：虽然看起来像杜宾犬，但它们比杜宾犬早了将近 200 年。
用途：用来消灭马厩里的鼠患。
毛色：颜色包括黑色带铁锈色斑点、巧克力与红褐色混色、暗红色（红色混黑色毛发）。
每窝产崽数：3~5 只幼犬。

迷你西伯利亚哈士奇犬

这种犬与阿拉斯加克力凯犬外形十分相似，因而经常被误认。

描述：这种犬有两层毛发，里面的毛发很浓密，像羊绒，而上面的毛发又粗又长。

性情：尽管它们毛发浓密，需要每周打理，但整体上还是属于很好养的犬类。同时，它们需要大量运动才不会长胖。

统计

来源地：美国。
身高：38~43 厘米。
体重：10~11 千克。
寿命：10~14 年（70~98 犬龄）。
历史：最早在北卡罗来纳的亨德森维尔繁育。
用途：猎犬。
毛色：多种颜色均有。
每窝产崽数：1~3 只幼犬。

有趣的事实

这一品种是西伯利亚哈士奇犬的迷你版，而西伯利亚哈士奇犬与历史上的楚克奇部落（位于阿拉斯加和俄国之间）有渊源。

蝶耳犬

蝶耳犬被认为是欧洲最古老的品种之一，很多绘画作品中均可见到它们的身影，比如贵妇肖像中经常出现蝶耳犬卧在人物的腿上。

描述：它们骨骼纤小，头部略圆，最具辨识度的莫过于蝶形的双耳。它们双眼色泽深，形状圆且带有黑色的边框。

性情：它们友好，富有魅力，活泼而聪明，比外表要强悍得多。

有趣的事实

这种体形娇小的犬是意大利文艺复兴时期绘画作品中出境率极高的明星。

统计

来源地：法国。
身高：20~28 厘米。
体重：4~5 千克。
寿命：14~16 年（98~112 犬龄）。
历史：最早在意大利被发现。
用途：理想的宠物犬、伴侣犬。
毛色：白色底色配以除猪肝色以外的任意颜色的斑点。
每窝产崽数：2~4 只幼犬。

京巴犬

这种犬看起来神似中国标志性的舞狮，因而常被称为“狮子狗”。这是一个非常古老的品种，其外貌在过去 2 000 年里没有太大改变。

描述：京巴犬外貌上最大的特色就是“扁平脸”。它们五短身材，肌肉结实，四条腿明显弓起，以至于限制了它们的活动能力。

性情：这种犬是忠诚、感情丰富的伴侣，但同样出名的还有它们那固执的脾气。

有趣的事实

京巴犬被广泛用来配种，比如京巴与马耳他犬杂交种。

统计

来源地：中国。
身高：15~23 厘米。
体重：3~4 千克。
寿命：10~15 年（70~105 犬龄）。
历史：最初被当作进贡给中国皇帝的玩赏犬来培育。
毛色：常见颜色包括金色、红色、深褐色、浅金色、奶油色、白色、黑混褐，偶尔也会出现接近蓝色或石灰色的毛色。
每窝产崽数：2~4 只幼犬。

垂耳蝴蝶犬

作为比蝶耳犬更早出现的品种，垂耳蝴蝶犬属于耳朵下垂的品类。它们直到 16 世纪才成为人们争相饲养的宠物。

描述：这是一种玩赏犬，得名于法语中“飞蛾”一词的发音，因为它们的耳朵宛如蝶翅。除了耳朵，它们还有很多地方与蝶耳犬相似，体格也相当，毛色几乎无差别。

性情：它们非常黏人，也非常活泼，富有吸引力又对人友好，这使它们成为理想的家庭宠物，唯一的缺点就是它们可能过度黏人。

来源地：比利时、西班牙。
身高：20~28 厘米。
体重：3~5 千克。
寿命：15~18 年（105~126 犬龄）。
历史：被视为蝶耳犬的雏形，不过后来蝶耳犬比它们更受欢迎。
用途：宠物犬。
毛色：白色底色配以除深褐色外的任意斑点。
每窝产崽数：2~4 只幼犬。

统计

有趣的事实

它们的身影出现在很多被拍卖行称为“老大师”（指出生于 1750 年前的艺术家，多为画家——译者注）的画家及他们的学生的肖像画里。

博美犬

博美犬得名于地处德国和波兰边境的博美。它们由古代绒毛犬发展而来。维多利亚女王最早豢养并展示了这个品种，从此开启了博美至今 100 多年的名宠生涯。

描述：它们体格如玩具般小巧，有一对状如杏仁的眼睛和竖起的耳朵。

性情：这是一种开朗而充满活力的犬，最著名的就是一举一动都自带傲娇气场。尽管如此，它们还是非常爱亲近人，被众多人喜爱。

有趣的事实

众多历史名人，包括维多利亚女王、法国国王路易十四的王后玛丽安托瓦内特、法国小说家佐拉、莫扎特等都养过博美。

统计

来源地：德国、波兰。
身高：18~30 厘米。
体重：1.5~3 千克。
寿命：12~15 年（84~105 犬龄）。
历史：自从 17 世纪起，这个品种便进入了贵族家庭被当作宠物豢养。
用途：伴侣犬。
毛色：毛色包括红色、橘色、白色、奶油色、蓝色、棕色、双色、三色、杂色，并带有白色或其他颜色的斑纹。
每窝产崽数：1~3 只幼犬。

贵宾犬

贵宾犬是一个非常古老的品种，在西欧其豢养历史大约有400年。

描述：贵宾犬体形中等，脑袋略圆，口鼻部长而直，被毛鬈曲，颜色多样。

性情：它们非常优雅且天性温和，自尊心很强。由于智商高，它们被公认为是最容易训练的品种之一。它们喜欢孩子，对陌生人也很友好。

有趣的事实

15 世纪的绘画和公元 1 世纪的浅浮雕上都出现过贵宾犬的形象。

统计

来源地：德国。
身高：38~46 厘米。
体重：20~32 千克。
寿命：12~15 年（84~105 犬龄）。
历史：尽管发源自德国，这个品种在法国繁育后才最终稳定下来。
用途：枪猎犬、寻回犬。
毛色：包括黑色、蓝色、银色、灰色、奶油色、杏黄色、红色、白色或棕色，也有极少数拼色的贵宾犬。
每窝产崽数：6~8 只幼犬。

布拉格瑟瑞克犬

这是世界上最小的犬品种之一，极少有比它们更小的了。布拉格瑟瑞克犬很少在来源地以外的地方出现。

描述：它们胸膛宽阔但不厚实，身体纤细，皮肤薄而娇嫩，又长又细的脖子支撑着脑袋。

性情：它们兼具好动、警觉、活泼的特点，同时也非常聪明，易于被训练，对陌生人警惕性较强。

统计

来源地：捷克。
身高：18~23 厘米。
体重：1~3 千克。
寿命：12~14 年（84~98 犬龄）。
历史：在博莱斯瓦夫一世（史称“勇敢者”）成为波兰国王的时期（1076—1979 年）以前，布拉格瑟瑞克犬就已经出现了。
用途：捕鼠犬。
毛色：最常见的是黑色混褐色，也是最古老的毛色，后来又加入了棕色混褐色、蓝色混褐色、丁香紫混褐色、黄色、红色和陨石色。
每窝产崽数：2~4 只幼犬。

有趣的事实

随着小鹿犬越来越受欢迎，爱犬人士对于布拉格瑟瑞克犬的追捧不如以前了。

巴哥犬

这种犬属于玩赏犬品种。有一句专门用来描述巴哥犬的俗语，叫作“multum in parvo”，意为“小中见大”，指的是它们小小的身躯里，住着一个精力充沛爱闹腾的灵魂。

描述：它们身体呈正方形，肌肉结实。四条腿长度中等，笔直而有力。

性情：巴哥犬是个性很强的品种，但并不具攻击性。它们很喜欢孩子，最适合作为家庭宠物。

有趣的事实

荷兰奥兰治王朝的王室和英国斯图亚特王朝的王室都很喜欢这种源自中国的犬。

统计

来源地：中国。
身高：25~28 厘米。
体重：6~9 千克。
寿命：12~15 年（84~105 犬龄）。
历史：最早专供皇室玩赏，经常成为皇帝抱在膝上的点缀物。
用途：常被用作警卫犬，寺庙外也会放巴哥犬的雕像。
毛色：杏黄色、浅黄褐色、黑色和银色。
每窝产崽数：2~4 只幼犬。

俄罗斯玩赏犬

俄罗斯玩赏犬分长毛、短毛两个品种。

描述：这是世界上体形最小的犬种之一，体长只有 20 厘米，以至于显得脑袋很大很突出，眼睛也很大，还有一双与脑袋相比大得夸张的三角形耳朵。

性情：它们活跃、乐观，经过训练，可以很好地执行看门任务。它们与饲主家庭可以建立深厚的感情。

有趣的事实

由于俄罗斯玩赏犬是特权阶级专享的宠物，它们几乎在 20 世纪 20 年代俄罗斯的共产主义运动中灭绝。

统计

来源地：俄罗斯。
身高：20~25 厘米。
体重：1.5~3 千克。
寿命：12~14 年（84~89 犬龄）。
历史：由俄国人用英国㹴犬培育出来。
用途：灭四害能手，也能当看家犬。
毛色：有五大主色，黑色混褐色、蓝色混褐色、棕色混褐色、深紫色，或深红色带各种阴影色。
每窝产崽数：2~4 只幼犬。

西施犬

这是一个非常古老的品种，源自中国。它们在 1969 年时获得美国养犬俱乐部的正式认可。西施犬是一种理想的宠物犬，能与其他宠物和谐共处。

描述：它们体形娇小，口鼻部较短，眼睛较大。双耳下垂且覆盖有毛发。说到毛发，它们有双层被毛，尾巴毛发浓密，时常高举着。

性情：它们总是甜美可爱，情绪快活，不像其他很多玩赏犬那样爱叫。

统计

来源地：中国西藏。
身高：18~28 厘米。
体重：4~7 千克。
寿命：10~18 年（70~126 犬龄）。
历史：根据基因分析，这是世界上最古老的犬类品种之一，且与狼有相似基因。
用途：伴侣犬。
毛色：被毛可以有任何颜色，在额头和尾巴尖常有白色斑纹。
每窝产崽数：2~5 只幼犬。

有趣的事实

20 世纪 30 年代，西施犬在英国被叫作“菊花犬”。

玩具猎狐㹴

这一品种是体形较大的猎狐㹴的直系后代。

描述：尽管体形小，它们的身体矫健强壮，脑袋结实，尾巴总是高高翘着。

性情：它们聪明，非常活跃，很容易被训练，能理解很多不同的指令，是残疾人和老年人的最佳伴侣。

有趣的事实

有些作为宠物的玩具猎狐㹴，其血统可追溯到历史上第一只被英国养犬俱乐部承认的玩具猎狐㹴福勒。

统计

来源地：美国。
身高：25~30 厘米。
体重：1~3 千克。
寿命：13~14 年（91~98 犬龄）。
历史：如今我们所见的玩具猎狐㹴被认为是从一种体形更小的细毛猎狐㹴繁衍而来的。
用途：伴侣犬，也常被用于马戏团小丑表演。
毛色：最常见的是白黑混色，脸部有深褐色斑纹。
每窝产崽数：2~3 只幼犬。

歌唱犬

这是来自新几内亚的一种野犬，与澳大利亚的丁戈犬关系密切。人们认为，这种犬是史前人类从狼中培育出来的犬种，然后又回到了野外。

描述：这是一种体形小、身材矮胖、行动敏捷的犬，它们有独特的嚎叫声，听起来像人在歌唱。它们领地意识很强。

性情：由于是野犬，新几内亚歌唱犬有天然的警惕性和侵略性，但如果从小开始饲养，它们是可以被驯服的犬种。

有趣的事实

歌唱犬聪明伶俐，体格健壮，因为最初它们是被作为狩猎犬和护卫犬饲养的。

统计

来源地：新几内亚岛（巴布亚新几内亚和印度尼西亚）。
身高：36~48 厘米。
体重：8~14 千克。
寿命：11~14 年（77~98 犬龄）。
历史：史前的犬种，从 20 世纪 50 年代开始圈养培育。
用途：有时被驯服为宠物和治疗犬。
毛色：一般身体下部是浅黄色，上部为红色或黑棕褐色。
每窝产崽数：3~5 只幼犬。

古英国斗牛犬

这一犬种最早存在于英国摄政统治时期（1811—1820 年），但后来灭绝了。古英国斗牛犬是为了重现原来的犬种而被培育出来的，用于逗引公牛。

描述：这种犬能长到中等身材，它们肌肉发达，非常强壮。从外表上看，它们很像早期的斗牛犬。

性情：它们勇敢大胆，有着自信的外表。它们也以性格友好、重感情而著称。

有趣的事实

在捕诱公牛被禁止后，古英国斗牛犬就灭绝了。所以爱犬人士重新培育了这一犬种。

统计

来源地：美国。
身高：43~51 厘米。
体重：27~36 千克。
寿命：11~12 年（77~84 犬龄）。
历史：虽然这种犬的名字是古英国斗牛犬，但却是非常新的稀有犬种。大卫·莱维特培育了这一犬种。
用途：被用来逗引公牛。
毛色：毛发的颜色为灰色、黑色，身上带有红色、白色、浅黄褐色、红色斑点；全黑色，或者黑白相间。
每窝产崽数：3~12 只幼犬。

皮罗·德·伯里沙·加那利犬

皮罗·德·伯里沙·加那利犬最初是为了与家畜一起工作而饲养的，这是一种大型的獒犬。它们的名字从西班牙语翻译过来，意思是“加那利猎犬”。

描述：它们身体强壮，外貌有点像正方形。头的宽度和长度一样，口鼻处很宽。

性情：这个犬种性格顽强。由于其性格具有统治性和独立性，因而必须在很小的时候就被社会化并接受训练。然而，它们对家人忠心耿耿，但对可疑的陌生人则具有攻击性。

统计

来源地：西班牙加那利群岛。
身高：51~64 厘米。
体重：36~50 千克。
寿命：8~12 年（56~84 犬龄）。
历史：虽然对其确切的祖先尚不清楚，但热心人士认为，它们是 19 世纪在加那利群岛由当地的犬种和英国獒犬培育而成的。
用途：护卫犬。
毛色：常见的毛色为浅褐色和棕色带条纹色。
每窝产崽数：7~9 只幼犬。

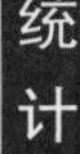

有趣的事实

加那利犬最初是为了斗狗而培育的，不推荐给初次养狗的人。它们只能由有经验的训练员安全应对。

有趣的事实

在德语中，“Schnauzer”是“口鼻”的意思，因为这种犬口鼻处形状独特，所以用这个词命名。

巨型雪纳瑞犬

人们认为巨型雪纳瑞犬起源于德国，在巴伐利亚被用作牧羊犬和警犬。

描述：这是一种体形大、强健有力、身材结实的犬。因为它们的身高和体长相同，所以看起来是正方形的。它们的眼睛呈椭圆形，眼窝深陷。

性情：众所周知，这种犬多才多艺，又很聪明。它们很容易被训练，如果在很小的时候就对它们进行社会化训练，它们会成为很好的宠物犬，否则它们会相信自己能领导主人。

统计

来源地：德国。
身高：61~71 厘米。
体重：27~36 千克。
寿命：12~15 年（84~105 犬龄）。
历史：一直被在德国巴伐利亚山区使用。早在 1832 年被初次记载。
用途：主要用于驱赶牲畜，并被用作警犬。
毛色：黑色、灰色。
每窝产崽数：6~10 只幼犬。

霍夫瓦尔特犬

这种犬名字的意思是“庄园护卫犬”。人们在中世纪的文字和绘画中发现了对这种犬的描述。

描述：它们看起来像金毛寻回犬，头很宽。它们有椭圆形的棕色眼睛，鼻子是黑色的。浓密的皮毛可以是波浪形的或者是平滑的。

性情：它们对主人有很深的感情和服从性，如果早期培养训练，它们对孩子也很好。

统计

来源地：德国。
身高：61~71 厘米。
体重：25~40 千克。
寿命：10~14 年（70~98 犬龄）。
历史：原产于德国，是一种非常古老的工作犬。可能来自纽芬兰、伦贝格，还有匈牙利的库瓦斯。
用途：顾名思义，这种犬是用来看守庄园的。
毛色：黑色、黑色混金色、金色。
每窝产崽数：6~9 只幼犬。

有趣的事实

霍夫瓦尔特犬有独特而低沉的叫声。

有趣的事实

直到 1987 年，丹麦瑞典农场犬才在丹麦、瑞典获得承认。

丹麦瑞典农场狗

这是丹麦杜宾犬中一个古老的犬种。繁育者认为这种犬是由杜宾犬和英国白猎狍繁育而成的。

描述：这是一种小型犬，身体紧凑，肌肉发达，脑袋小。

性情：它们生机勃勃，充满活力，是重情而活泼的犬种。它们的聪明特性使其成为一种极好的伴侣犬。

统计

来源地：丹麦、瑞典。
身高：30~36 厘米。
体重：7~11 千克。
寿命：10~15 年（70~105 犬龄）。
历史：原产于丹麦和瑞典，常见于丹麦北部和瑞典南部的农场中。
用途：最初在小农场里捕捉有害小动物，并被作为看家犬。
毛色：白色，身上带有一种或不同颜色组合的色块。
每窝产崽数：1~4 只幼犬。

日本土佐犬

日本土佐犬是一个罕见的犬种。在培育这种犬的过程中，饲养员的目标是培育出一种大而强壮的动物。

描述：这是一种身体强壮的大型犬。众所周知，它们非常健壮活泼，整体外表就像一个充满活力的灵活的“犬武士”。

性情：它们的行事方式非常安静，而且具有服从性。对孩子和家庭都很好，但必须经过良好的训练。由于它们具备警觉性，也被作为有效的警犬使用。

有趣的事实

日本土佐犬这种非凡的犬拥有坚强而无畏的性格。因其善于拉动重物，并且具有保护能力而著称。

统计

来源地：日本。
身高：56~66 厘米。
体重：38~91 千克。
寿命：10~12 年（70~84 犬龄）。
历史：日本血统的犬种，在 19 世纪下半叶发展起来。
用途：在日本，土佐犬被作为格斗犬饲养，今天仍被作为格斗犬使用。
毛色：红色、棕红色或浅褐色，偶尔也可以是暗淡的黑色。
每窝产崽数：5~10 只幼犬。

皮罗·德·伯里沙·马罗奎因犬

第二次世界大战后，这一犬种几乎绝迹，但剩下的少数犬被列入育种计划，以便为时未晚时将它们的特征保留下来。

描述：这一犬种有被拉长的身材和强健的体魄。它们前额宽阔，皮毛光滑，通常会有白色斑点。

性情：这种犬天性安静，但在需要的时候会表现出大胆的一面，这非常有利于它们完成狩猎和守护任务。

统计

来源地：西班牙马略卡岛。
身高：雄性 51~56 厘米。
体重：雄性 30~38 千克。
寿命：10~12 年（70~84 犬龄）。
历史：是来自马略卡岛的一种獒犬。
用途：用于打猎或作为格斗犬。
毛色：棕色带条纹色、浅黄褐色和黑色。
每窝产崽数：7~9 只幼犬。

有趣的事实

12 世纪 30 年代，阿拉贡国王在征服马略卡岛时，陪同他的西班牙獒犬正是这种犬的祖先。

白色英国斗牛犬

这是一个罕见的犬种。人们相信，它们代表了最初的英国斗牛犬。

描述：这种犬身材中等。腿部敏捷有力，颈部结实，肩部肌肉发达、轮廓分明。

性情：它们生性机警、自信，性格外向。它们还因为具有很强的保护本能而广为人知。

有趣的事实

白色英国斗牛犬不同于英国斗牛犬，因为它们可以自然生产，而不需要剖腹产。

统计

来源地：美国。
身高：51~63 厘米。
体重：25~50 千克。
寿命：10~16 年（70~112 犬龄）。
历史：起源于 17 世纪的美国南部。
用途：被培育成农场用犬。有些是用于打猎。它们是很好的护卫犬。
毛色：白色。
每窝产崽数：4~12 只幼犬。

兰西尔犬

有一种普遍的观点认为，兰西尔犬只不过是黑白相间的纽芬兰犬。这个犬种是以艺术家埃德温·兰西尔爵士的名字命名的，他在1838年画出了这种犬的范例。

描述：兰西尔犬和纽芬兰犬有许多不同。兰西尔犬的身材更高，头发更短，跑得更快。

性情：它们性格温顺，平静随和，温柔亲切。

有趣的事实

因为兰西尔犬天生会游泳，渔民们会利用它们拖着渔网上岸。

统计

来源地：加拿大纽芬兰。
身高：66~79 厘米。
体重：45~68 千克。
寿命：8~10 年（56~70 犬龄）。
历史：因为善于游泳，这种犬在欧洲的渔民中很受欢迎。它们在 18 世纪早期被引进到不同的国家。
用途：渔民用它们来拖渔网。
毛色：白色皮毛上带有黑色斑点，鼻子周围为白色，白色的尾巴带着些许黑色。
每窝产崽数：4~12 只幼犬。

康柏护卫犬

起源于印度南部的康柏，也被称为印度猎熊犬。它们在古代被用来保护牛和家园免受野兽的攻击，尤其是熊、豹子和老虎。

描述：它们外形像丁戈犬，体形中等，身体结实。它们头短，口鼻处逐渐变窄。

性情：这种犬以好斗著称，被广泛用于捕猎和保护牲畜。

统计

来源地：印度。
身高：45~56 厘米。
体重：20~25 千克。
寿命：10~12 年（70~84 犬龄）。
历史：一种非常古老的犬种，早在公元前 9 世纪就被用于狩猎。
用途：用于猎捕野牛和保护家畜。
毛色：棕褐色和白色、黑色和白色。
每窝产崽数：4~8 只幼犬。

有趣的事实

康柏护卫犬非常好斗，会攻击入侵者，但对熟人和孩子却很温和。

阿根廷杜高犬

20 世纪 20 年代，安东尼奥·马汀内斯试图繁育一种猎犬，并希望它们也是忠诚的宠物犬和护卫犬。

描述：这是种白色的短毛大型犬，肌肉发达。人们形容它们有些像美国斗牛犬和美国比特斗牛犬。

性情：这种犬具有很强的保护性和领地意识，是抵御入侵者的理想选择。它们只有在很小的时候就开始社会化训练，才能与其他犬和睦相处。

有趣的事实

阿根廷杜高犬是很好的猎犬，直至今日仍被用于狩猎。

统计

来源地：阿根廷。
身高：60~69 厘米。
体重：36~45 千克。
寿命：10~12 年（70~84 犬龄）。
历史：20 世纪 20 年代，从阿根廷发展起来。
用途：被用作伴侣犬、警犬和猎犬。
毛色：主要为白色。
每窝产崽数：4~8 只幼犬。

布罗荷马獒

第二次世界大战结束时，丹麦布罗荷马獒几乎灭绝了，如果没有“丹麦布罗荷马獒重建协会”，今天就不会有这种犬了。

描述：这是一种獒犬，体形庞大，特色明显。它们身形健壮有力，可以快速奔跑。

性情：它们性格平和，待人友好，善于交际。

有趣的事实

丹麦国王腓特烈七世（1848—1863 年）曾养过几只丹麦布罗荷马獒。

统计

来源地：丹麦。
身高：56~76 厘米。
体重：39~80 千克。
寿命：6~11 年（42~77 犬龄）。
历史：起源于中世纪的丹麦。
用途：最初被用作猎犬，现在是大庄园的护卫犬。
毛色：浅黄色或棕黄色，还有黑色。
每窝产崽数：5~7 只幼犬。

美国斗牛犬

在二战末期，一位名叫约翰逊的退伍老兵决心培育和重振濒临灭绝的英国斗牛犬这一品种。他的初衷是培育出一种大型护卫犬，显然他非常成功。

描述：美国斗牛犬体形魁梧矫健，四爪有力，头部硕大，咬合力惊人。尽管体形健壮，但是它们的行动却轻盈灵巧，最高起跳高度可达 1.8 米以上。

性情：美国斗牛犬总表现出一副雄赳赳的自信模样，非常外向活泼。对主人非常忠诚，是家庭良伴。由于个性强势，驯养美国斗牛犬需要比较“铁腕”的手段。

统计

来源地：美国。
身高：56~71 厘米。
体重：32~54 千克。
寿命：12~16 年（84~112 犬龄）。
历史：较之英国斗牛犬，美国斗牛犬四肢更修长且身体更灵活。
用途：被用来震慑牛，也是全能型工作犬。
毛色：底色为纯白或接近纯白的浅色，配斑纹，有棕色、红色或棕褐色。
每窝产崽数：7~14 只幼犬。

有趣的事实

美国斗牛犬承袭了英国斗牛犬的血统，它们的祖先当年跟随英国移民来到美洲大陆。

伯尔尼兹山地犬

伯尔尼兹山地犬的祖先就像罗威纳犬的祖先那样，是 2 000 年前由罗马人带到瑞士的。

描述：这是一种体形硕大雄壮的犬类，全身一年四季都覆盖着长度适中、厚实的被毛，有微卷和直毛两种。

性情：它们非常好动、警觉，充满自信。对人类感情深厚，是理想的家庭宠物；它们还有一个有名的特点，就是对训练指令的接受能力很强，因此它们也是一种出色的看家犬。

有趣的事实

伯尔尼兹山地犬有时候也被充作役畜，即被训练用来拉四轮和两轮车。

统计

来源地：瑞士。
身高：60~70 厘米。
体重：38~50 千克。
寿命：10~12 年（70~84 犬龄）。
历史：该品种是瑞士四大山地犬之一，在瑞士中部地区的农村非常常见。
用途：牧羊犬、看家犬、役畜。
毛色：常为三色，带黑色、铁锈色和白色斑纹。
每窝产崽数：10~14 只幼犬。

黑色俄罗斯㹴

人们为了完成各种任务，并抵御俄罗斯的冬季严寒，特意培育了这种犬。

描述：这种犬肌肉发达，身体极为强壮。外层被毛粗糙，内层被毛厚实紧密，有助于抵御严寒。

性情：它们勇敢，具有保护欲，时刻保持高度警惕。不过，它们对陌生人比较冷漠，但对孩子很好。

有趣的事实

由于黑色俄罗斯㹴是被作为工作犬培养的，所以它们很高兴能保持忙碌状态。

统计

来源地：俄罗斯。
身高：63~74 厘米。
体重：36~65 千克。
寿命：10~14 年（70~98 犬龄）。
历史：20 世纪 30 年代，俄罗斯军队培育了这种犬。
用途：被培育成护卫犬和警犬。
毛色：毛色为黑色，有白色和灰色的毛发点缀其间。
每窝产崽数：6~12 只幼犬。

秋田犬

秋田犬是源自日本的大型犬种，得名于地处日本最北端的本州岛上的秋田县。

描述：它们体格强壮有力，外形非常有辨识度，比如三角形的脑袋和短而翘起的口鼻部，还有蓬松厚实的毛发和高高卷起的尾巴。

性情：秋田犬是出了名的温顺好脾气。然而，如果训练不当，它们的性情也会难以捉摸。

统计

来源地：日本。
身高：60~70 厘米。
体重：34~55 千克。
寿命：10~12 年（70~84 犬龄）。
历史：根据日本历史记载，秋田犬的祖先是一种被叫作 matagi（意为“受人尊敬的猎手”）的犬。
用途：用于追捕大型猎物。
毛色：红色、浅黄褐色、芝麻色、棕色带条纹、纯白。
每窝产崽数：7~8 只幼犬。

有趣的事实

秋田犬是日本“国犬”。

阿拉斯加克力凯犬

20 世纪 70 年代，琳达·S·斯柏林在看到阿拉斯加哈士奇和一只不知名的小型犬意外杂交得出的后代后，开始培育阿拉斯加克力凯这个品种。

描述：这个品种比阿拉斯加哈士奇体形小，属于绒毛犬家族。它们有尖尖的鼻子，尾巴总是高举过背并鬈曲着。

性情：它们害羞而内向，由于警觉性强，是非常理想的看家犬。

有趣的事实

阿拉斯加克力凯犬名称中的“克力凯”在因纽特语中意为“小狗”。

统计

来源地：美国。
身高：38~43 厘米。
体重：10~11 千克。
寿命：12~14 年（84~89 犬龄）。
历史：20 世纪 70 年代中期，在美国阿拉斯加的瓦西拉被培育出来。
用途：雪橇犬。
毛色：黑色、白色、灰色、红色。
每窝产崽数：1~3 只幼犬。

有趣的事实

最早培育杜宾犬的人是德国的一位收税员，他的名字叫路易斯·杜宾。

杜宾犬

繁育这个品种的初衷是发展出一个能够处理和适应一系列突发状况的看家犬品种。

描述：这种犬强壮有力且外观优雅，背部较短，脖子肌肉发达。被毛短且紧贴皮肤。

性情：它们力量和耐力优异，同时智商出众。杜宾犬是一种爱和人相处的犬，非常忠诚和情感丰富。

统计

来源地：德国。
身高：65~76 厘米。
体重：34~45 千克。
寿命：10~13 年（70~91 犬龄）。
历史：19 世纪 60 年代在德国培育成功，是通过德国宾莎犬和法国牧羊犬、罗威纳犬以及英国灵缇杂交而得到的品种。
用途：曾被广泛用作护卫犬和警犬，但现在这些用途已不常见。
毛色：黑色、蓝灰色、黑色配棕褐色、红色混浅褐色可能带白色斑点。
每窝产崽数：7~9 只幼犬。

北海道犬

北海道犬也被称为阿伊努犬。

描述：这种犬体形中等大小，有直立的三角形耳朵。它们有两层皮毛，在冬天能够保暖。

性情：这种犬非常忠诚、勇敢。如果它们从小就和孩子交往，就会对孩子很友好。但它们不适合公寓生活。

统计

来源地：日本。
身高：45~56 厘米。
体重：20~30 千克。
寿命：11~13 年（77~91 犬龄）。
历史：来源未知。
用途：因为天性警觉，它们被用作村庄的监护犬。
毛色：毛发有红色、白色、黑色、芝麻色和狼灰色。

有趣的事实

1869 年，英国动物学家托马斯·W·布兰克斯顿为此犬种命名。

有趣的事实

新西兰正在效仿澳大利亚，争取让柯乐犬成为一个单独受到认证的品种。

柯乐犬

这种源自澳大利亚的柯乐犬常被用作放牧犬，它们最早出现于 19 世纪初。

描述：柯乐犬体貌特征可能相差较大，取决于生长地的地理环境，有高瘦灵巧的，也有矮胖的。在澳大利亚的维多利亚出现过世界上体形最小的柯乐犬。

性情：这种智商极高的犬有着高超的工作技能，经过训练后能与主人配合默契。饲养柯乐犬需要投入大量的养护工作和情感关爱。

统计

来源地：澳大利亚。
身高：38~56 厘米。
体重：9~20 千克。
寿命：14~18 年（98~126 犬龄）。
历史：祖先是 19 世纪进口到南澳地区的德国虎犬。
用途：工作犬。
毛色：红色、蓝色或三色、深红或黑色，常伴有陨石色斑点。
每窝产崽数：4~8 只幼犬。

有趣的事实

在非洲土著语中，南非獒的名称念作“Boerboel”，意为“农民养的獒犬”。

南非獒

源自南非，最早由南非玻尔人培育，目的是单纯地看家护宅及周围土地、农场、农田。

描述：南非獒属于大型獒犬品类，体重要比罗威纳犬和杜宾犬更重。其被毛的外层直且粗糙，内层则绵密柔软。

性情：它们是公认的聪明且充满活力，总喜欢不停地干自己喜欢的事。它们内心非常敏感，愿意舍命保护主人。

统计

来源地：南非。
身高：63~71 厘米。
体重：50~80 千克。
寿命：10~12 年（70~84 犬龄）。
历史：尽管该品种有悠久的繁育历史，其祖先却不可考。
用途：常被用来抵御猛兽，追踪和捕捉受伤的猎物。
毛色：有奶白色、浅黄褐色、红棕色、棕色，配各种颜色的斑纹。
每窝产崽数：7~10 只幼犬。

拳狮犬

拳狮犬发源于 19 世纪的德国，它们的祖先是如今已经绝种的原始斗牛犬，属于大型獒犬的品种。

描述：这种颇受欢迎的犬种有线条分明的方形下巴。下颌骨强劲有力，咬合力惊人，因此非常适合追捕大型猎物。

性情：它们天性聪明，喜欢和孩子相处，且非常容易被训练。目前主要被用作警犬、护卫犬和治疗犬。

统计

来源地：德国。
身高：56~63 厘米。
体重：27~32 千克。
寿命：11~14 年（77~98 犬龄）。
历史：这个品种起源于 19 世纪的德国。
用途：早期被用于斗狗或斗牛等供观赏的活动，以及拉车、牧牛、猎野猪。后来被用作剧院和马戏团表演犬。
毛色：浅褐色或有斑纹，面部有黑色“面具”，有些有白色斑点。
每窝产崽数：5~7 只幼犬。

有趣的事实

有观点认为，拳狮犬的祖先来自中国西藏的山谷。

有趣的事实

加拿大爱斯基摩犬非常适合犬类体育比赛，且需要大运动量。

加拿大爱斯基摩犬

爱斯基摩犬被认为是现存的北美土著家养犬中历史最悠久，也最稀有的品种。它们在因纽特语中的名称叫作“奇米克犬”。

描述：它们体格强健而灵活，被毛浓密，三角形的耳朵直立向上。

性情：它们常被描述为警觉而聪明的犬种，有着强烈的追捕猎物的直觉。它们最著名的特点之一就是常常发出嚎叫。

统计

来源地：加拿大。
身高：58~71 厘米。
体重：30~40 千克。
寿命：10~14 年（70~98 犬龄）。
历史：它们早在 4 000 年前就是北极的居民了。
用途：雪橇犬、猎犬（追捕海豹等北极特有的猎物）。
毛色：深紫色或黑色。
每窝产崽数：4~8 只幼犬。

斗牛獒

斗牛獒是斗牛犬和英国獒犬的杂交品种，最早被用来搜寻和阻止盗猎者，也用于参与斗牛表演。随着时间的推移，它们成为家庭宠物犬。

描述：这个品种的犬体格强健，骨骼呈方形，站姿挺拔有力。它们的被毛短而薄，触感粗硬。

性情：它们充满自信，也很温顺。对主人忠诚且以勇敢闻名，同时性格沉静，喜欢亲近人，尤其与孩子们相处愉快。

有趣的事实

斗牛獒的保护欲仅针对人，而不针对物体，如房子等。

统计

来源地：英国英格兰。
身高：63~69 厘米。
体重：41~60 千克。
寿命：10~12 年（70~84 犬龄）。
历史：这个品种是 19 世纪时由英国的猎场看护工培育得到的。
用途：早期被用来看护房屋，也被用作猎犬、警犬和看家犬。
毛色：浅黄褐色、红色或棕色带条纹。
每窝产崽数：7~9 只幼犬。

卡斯罗犬

源自意大利的卡斯罗犬通常被用作看护财产、畜群和保护主人的看护犬，也被用作猎犬。

描述：它们肌肉强壮有力而呈长条状，因此身体健壮结实，样貌优雅。

性情：它们以忠诚著称，属于乐意取悦主人的品种，在家里很安静，是理想的居家型宠物。

统计

来源地：意大利。
身高：60~69 厘米。
体重：45~50 千克。
寿命：10~11 年（70~77 犬龄）。
历史：起源于意大利，一种叫作 Canis pugnax的犬是它们的直系祖先。
用途：抓捕犬、护卫犬。
毛色：黑色、铅灰色、紫貂色、浅灰色、蓝灰色、浅棕色、小鹿棕、深棕和灰棕色。
每窝产崽数：5~7 只幼犬。

有趣的事实

卡斯罗犬的祖先曾在古罗马军中充当军犬。

阿拉斯加雪橇犬

阿拉斯加雪橇犬是在阿拉斯加西北部发现的犬种的后代。这种犬至今仍被用来拉雪橇，不过大部分已经改行成了家庭宠物犬和展示犬。

描述：阿拉斯加雪橇犬体形非常健壮，眼睛呈杏仁状，通常是棕色瞳仁，尾巴毛量丰厚，拖在它们的背后仿佛安了一支毛翎子。

性情：这种犬的历代祖先都被用作拉雪橇，练就了它们强壮的体格，它们能拉着沉重的物品长途奔跑。

有趣的事实

阿拉斯加雪橇犬能像狼那样嚎叫。

统计

来源地：美国阿拉斯加。
身高：61~66 厘米。
体重：36~43 千克。
寿命：约 12~15 年（84~105 犬龄）。
历史：祖先是位于阿拉斯加西北部因纽特的一个部落马拉谬特居民豢养的犬。
用途：雪橇犬。
毛色：都有白色部分，此外背部颜色有灰色、黑紫色、黑色或红色，也有通体白色。
每窝产崽数：4~10 只幼犬。

昆明狼狗

这个品种是狼和当地犬的杂交种，1950 年在中国云南省昆明市繁育成功并被用作军犬。

描述：体貌特征与德国牧羊犬相似，但身高更高，被毛更短。其特征是在兴奋的时候会把尾巴高高卷起。

性情：它们非常聪明，在幼犬时期即可开始接受训练，训练它们服从命令是非常必要的。

有趣的事实

昆明狼狗被作为军犬和警犬在中国很受欢迎，也被平民用作护卫犬。

统计

来源地：中国。
身高：63~69 厘米。
体重：30~38 千克。
寿命：10~12 年（70~84 犬龄）。
历史：确切的起源已不可考，因为无法获知其祖先的确切血统。
用途：军犬。
毛色：浅稻草色至深铁锈色不等。
每窝产崽数：4~8 只幼犬。

东欧牧羊犬

这是一种 20 世纪 30 年代在俄罗斯培育出来被用作军犬的品种。

描述：它们体形庞大，肌肉发达有力。体表覆盖着短而密的双层被毛。脑袋呈楔形，与身体搭配比例和谐。

性情：这种犬极度忠诚，充满自信，性情稳定平和，非常喜欢到处跳跃。

统计

来源地：俄罗斯。
身高：66~76 厘米。
体重：33~51 千克。
寿命：7~10 年（49~79 犬龄）。
历史：该品种于 20 世纪 30 年代被作为特殊用途犬类培育得出。
用途：最初被用来作为俄国军队的护卫犬。
毛色：以褐色为主，有深红色至浅褐色等深浅不一的色调。
每窝产崽数：6~8 只幼犬。

有趣的事实

苏联农业部下属的犬类委员会于 1964 年首次承认东欧牧羊犬为一个独立的品种。

大白熊犬

大白熊犬起源于中亚地区，被认为具有匈牙利库瓦兹犬、意大利马瑞玛牧羊犬的血统。在欧洲，它们被叫作“大熊山地犬”。

描述：它们体格硕大健壮，脑袋略圆，鼻子和嘴唇是黑色的。周身覆盖双层被毛，足以抵御外界气候的侵袭。

性情：在主人眼里，它们是富有奉献精神的伴侣；在陌生人眼里，它们是威风凛凛的守护者；在孩子眼里，它们是温柔可亲的朋友。

有趣的事实

到 17 世纪的时候，大白熊犬已经成为颇受法国贵族阶级喜爱的宠物。

统计

来源地：法国、西班牙。
身高：69~81 厘米。
体重：36~45 千克。
寿命：8~10 年（56~70 犬龄）。
历史：被认为是一种古老的品种，生活在今西班牙地区的巴斯克人就使用这种犬。
用途：被用作牲畜看护犬。
毛色：纯白或白色底色配色块或斑点。色块或斑点的颜色常见的有深棕色、灰色、红棕色或浅黄色。
每窝产崽数：8~10 只幼犬。

巴西菲勒犬

巴西菲勒犬的血统可追溯到 15 世纪的英国獒、寻血猎犬和斗牛犬。菲勒犬以追踪、放牧和看护牲畜的能力而闻名。

描述：它们体格健壮，骨骼结实，口鼻部窄而长。

性情：它们富有勇气和力量，能够毫不犹豫地舍身护主，对于它们所看护的任何人和物品有极强的保护欲。

有趣的事实

巴西谚语中有“忠诚当如菲勒”的说法，可见其忠心之名广为流传。

统计

来源地：西班牙。
身高：63~73 厘米。
体重：40~50 千克。
寿命：9~11 年（63~77 犬龄）。
历史：血统可追溯到獒犬、斗牛犬、寻血猎犬等品种。
用途：放牧犬。
毛色：除了嘴巴以外的身体部分，可能的毛色包括黑色、浅褐色（可分为红调、杏黄调、深棕调等），并有斑纹（斑纹常为浅褐色、黑色或棕色）等；嘴巴周围的毛色可以是灰色、黑色配深棕色、蓝色配纯白色。
每窝产崽数：2~5 只幼犬。

纽芬兰犬

这个大型犬种最早是纽芬兰的渔民培育的。它们非常强壮，身高堪称全犬界“巨人”。

描述：纽芬兰犬的被毛防水，脚趾之间有蹼，因此很适合捕鱼工作。

性情：沉静的天性和强壮有力的身躯是这个品种最著名的特点。它们常被称赞性格很好，尤其能与孩子和谐相处。

统计

来源地：加拿大纽芬兰。
身高：68~74 厘米。
体重：59~68 千克。
寿命：8~13 年（56~91 犬龄）。
历史：这个品种发源自纽芬兰州，它们的祖先是一种生活在岛上的名叫“小纽芬兰犬”或“圣约翰犬”的品种。
用途：辅助渔民的工作犬。
毛色：黑色、棕色、灰色和兰西尔色（即像兰西尔犬的颜色，脑袋是黑色或棕色，身体是白色、黑色或棕色）。
每窝产崽数：4~12 只幼犬。

有趣的事实

《彼得·潘》里名叫娜娜的护卫犬便是一只纽芬兰犬。纽芬兰犬俨然已随着这一艺术形象深入人心。

波尔多犬

波尔多犬是源自法国的古老品种，以力量而著称。在过去的历史长河中，它们一直被用来拉车、看护畜群、保卫欧洲众多的城堡。

描述：它们肌肉非常发达。头上的皮肤多层层叠叠的皱褶，脑袋宽大而沉重。被毛短而柔软，贴合皮肤。

性情：它们无畏而富有攻击性，但如果在幼年就接受驯化，也可体现出冷静、温和的性格。

有趣的事实

与奥斯卡影帝飙戏的波尔多犬麦可曾参演电影《福星与福将》，在片中一直陪伴主演汤姆·汉克斯。

统计

来源地：法国。
身高：58~76 厘米。
体重：54~66 千克。
寿命：10~12 年（70~84 犬龄）。
历史：关于波尔多犬的起源有很多种说法。它们是公认的法国最古老的犬种之一。
用途：被用来拉车或看护畜群。
毛色：常为红褐色、浅褐色和深红色，在鼻子周围及下方有黑色斑块。
每窝产崽数：10~16 只幼犬。

比利牛斯獒

这是一种大型犬，源自西班牙东北部的阿拉贡比利牛斯山脉。

描述：它们头部硕大，颅骨略呈圆形。体长大于身高，尾巴根部较尖部略粗。

性情：它们冷静，脾气非常平和，作为家庭宠物十分温顺，对孩子富有保护欲，对它们所熟悉的人和其他动物也很友好。

有趣的事实

尽管是古老的品种，比利牛斯獒直到19世纪才被官方认可。

统计

来源地：西班牙。
身高：76~81厘米。
体重：81~100千克。
寿命：8~13年（56~91犬龄）。
历史：被认为是畜牧犬的后代。
用途：被用作护卫犬。
毛色：厚实的白色被毛配大片黑色斑纹。
每窝产崽数：4~6只幼犬。

大瑞士山地犬

在它们的家乡瑞士，大瑞士山地犬是非常受欢迎的牵引犬，它们有时候被称为“穷人的马”。

描述：它们体形硕大而强壮有力，有杏仁状的眼睛，颜色为榛子色或栗子色。

性情：它们乐于讨好主人，和孩子们能极好地相处，同时富有奉献精神，它们甜美可爱又不具攻击性，勇敢且时刻保持警觉。

统计

来源地：瑞士。
身高：58~73厘米。
体重：59~61千克。
寿命：10~11年（70~77犬龄）。
历史：起源于瑞士境内的阿尔卑斯山地区，被认为是古罗马獒的后裔，于2 000多年前被带到这一地带。
用途：全能型农用犬。
毛色：三色（黑色、铁锈色或深棕色和白色）。
每窝产崽数：4~8只幼犬。

有趣的事实

20世纪，随着发动机的发明，人们不再需要狗来牵引，这几乎使这个品种灭绝。

库瓦兹犬

关于库瓦兹犬的来源地，主流观点是源自美索不达米亚。目前这个品种在匈牙利繁育。它们在旧时代是王公贵族豢养的宠物，也被用来捕猎野猪、熊等大型猎物。

描述：它们中等身材，有黑色的鼻子和嘴唇，深棕色杏仁状的眼睛。被毛微卷或笔直，底层被毛浓密。

性情：由于被用来护卫牲畜，这种犬有极强的领地意识和保护欲。

有趣的事实

库瓦兹犬常被当作王室国礼。在一些王室家族，当一位国王去世时，库瓦兹犬就回归牲畜护卫犬的职能。

统计

来源地：匈牙利。
身高：71~76厘米。
体重：45~90千克。
寿命：10~12年（70~84犬龄）。
历史：尽管在现代被归属于源自匈牙利的犬种之一，但人们普遍认为起源于美索不达米亚的游牧民族。
用途：被用作牲畜护卫犬。
毛色：白色和象牙色。
每窝产崽数：7~9只幼犬。

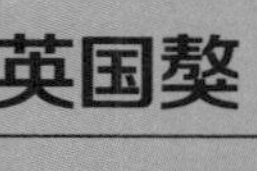

英国獒

英国獒被认为是已经灭绝的古代犬种艾朗特犬的后裔。它们最有辨识度的特征就是硕大的体形。

描述：英国獒有庞大而壮硕的身体、脑袋和四肢，这使它们成为全世界体形最大的犬种之一。它们中的绝大多数属于短毛犬，但也有一些是长毛犬。

性情：它们对人充满感情，喜欢与人相处，且对主人十分忠诚。性格温和好相处，甚至在遇到非法闯入者时，它们多数情况下不会发动攻击，除非被逼到死角或受到威胁。

有趣的事实

关于“獒”这一术语名称的起源众说纷纭。其中比较主流的观点是，它们来自于盎格鲁-撒克逊语言中的“masty”一词，意为“富有力量的”。

统计

来源地：英国英格兰。
身高：76~89 厘米。
体重：68~113 千克。
寿命：7~9 年（49~63 犬龄）。
历史：这是英伦三岛上历史最悠久的全类品种，并由古时候的商人带到了英格兰地区。
用途：被用作看护牛群和猪群的工作犬，同时也在狩猎野猪时充作猎犬，另外也被用作护卫犬。
毛色：杏黄配浅褐色、银色配浅褐色、通体浅褐色或深褐色斑纹。
每窝产崽数：5~7 只幼犬。

可蒙犬

作为西藏犬的后代，可蒙犬属于牲畜护卫犬，由于其被毛的特殊形态，它们还有个别名叫“拖把狗”。

描述：它们体形匀称，肌肉发达，骨骼强健。它们有一个大脑袋和一双杏仁状的眼睛，眼睛颜色是深棕色，大小适中。

性情：这是适合作为家庭宠物的品种，对于被保护对象忠诚且有强烈的保护欲。

统计

来源地：匈牙利。
身高：56~64 厘米。
体重：54~57 千克。
寿命：10~12 年（70~84 犬龄）。
历史：关于这个品种的起源，流传较广的说法是，12—13 世纪，这种犬同游牧民族库曼人一起定居于现匈牙利境内。
用途：牲畜护卫犬。
毛色：拥有丰厚的白色被毛，帮助它们很好地隐蔽在羊群中，以便保护羊群不受捕食者的袭扰。
每窝产崽数：3~10 只幼犬。

有趣的事实

可蒙犬在英语中叫作“Komondor”，来自于匈牙利语的“oman-dor”，意为“库曼人的狗”。

那不勒斯獒

那不勒斯獒被认为拥有藏獒的血统，是罗马獒犬的直系后代。

描述：它们身体极为强壮，骨骼结实，肌肉发达，有与身体不成比例的硕大脑袋。

性情：尽管外表令人生畏，但是却以平和友好的天性闻名，且对自己的家族成员和朋友感情深厚。

有趣的事实

除非受到严重的挑衅，一般情况下那不勒斯獒总是沉着、安静，性情平稳。

统计

来源地：意大利。
身高：66~76 厘米。
体重：45~75 千克。
寿命：12~13 年（84~91 犬龄）。
历史：藏獒的后代。藏獒是世界上最古老的犬种之一，其历史可追溯到公元前 300 年。
用途：护卫犬、防御犬。
毛色：纯灰色、黑色、红褐色，个别会有条纹或白色斑点。
每窝产崽数：6~12 只幼犬。

莱昂贝格犬

这种犬在德国莱昂贝格繁育成功，血统包括纽芬兰犬、圣伯纳德犬和比利牛斯山地犬。它们在繁育过程中被赋予了与狮子相似的外形。

描述：它们体形高大健硕，被用来作为工作犬。四方形的脑袋正前方是黑色被毛的脸面，使它们看起来仿佛带了一张黑色面具。口鼻部较长。

性情：它们活跃，勇敢，感情丰富，意志坚定，性情平和冷静。是一种非常值得信任且极富耐心的犬，哪怕和最淘气的孩子相处也能维持耐心。

统计

来源地：德国。
身高：73~78 厘米。
体重：59~77 千克。
寿命：8~9 年（56~63 犬龄）。
历史：起源于德国，1846 年首次繁育成功。
用途：被用作农场犬，从事不用沾水的农场工作。
毛色：被毛往往混合了狮鬃黄、红色、红棕色和沙色。
每窝产崽数：6~14 只幼犬。

有趣的事实

许多王公贵族，包括法国的拿破仑二世、奥地利伊丽莎白女王和威尔士亲王都豢养莱昂贝格犬作为宠物。

拉布拉多哈士奇犬

属于绒毛犬的一种，起源于加拿大。尽管“拉布拉多哈士奇”这个名字看起来像是寻回犬和哈士奇的混血儿，但事实并非如此。

描述：它们外观与狼极为相似。体形高大，拥有厚实的双层被毛。头部宽阔，口鼻部长而窄。

性情：这个品种的特点是对陌生人十分警惕，见到陌生人会表现出攻击性。

有趣的事实

拉布拉多哈士奇是一种非常喜欢扎堆凑热闹的犬，喜欢和其他犬待在一起。它们也非常容易被训练，因为它们很聪明。

统计

来源地：加拿大。
身高：51~71 厘米。
体重：27~45 千克。
寿命：10~13 年（70~91 犬龄）。
历史：拉布拉多哈士奇犬是在加拿大拉布拉多沿海地区土生土长的品种，血统包括西伯利亚哈士奇、萨摩耶、阿拉斯加雪橇犬和加拿大爱斯基摩犬。
用途：雪橇犬。
毛色：白色、灰色和白色、全黑色。
每窝产崽数：3~12 只幼犬。

北方因纽特犬

这是一种现代犬种，已被证明是忠诚的伴侣，对它们的家庭忠心耿耿。埃迪·哈里森是这一犬种的创始人。

描述：这种犬体形庞大，看起来力量十足，运动能力强。它们有双层皮毛，颜色可以是纯白色，也可以是深浅不一的灰色，脸上好像戴着面具一般。

性情：这种犬精力充沛，喜欢和人在一起，对孩子们也很好。它们与自己的主人和所在家庭关系亲密。

有趣的事实

如果北方因纽特犬独处或者无人监督，它们可能会发生分离焦虑情绪。

统计

来源地：英国英格兰。
身高：58~66 厘米。
体重：29~34 千克。
寿命：10~14 年（70~98 犬龄）。
历史：在 20 世纪 80 年代末培育出来，目的是为了创造一种长得像狼的家养犬种。
毛色：颜色可以是纯白色，也可以是深浅不一的灰色，脸上戴着“面具”。
每窝产崽数：4~10 只幼犬。

罗威纳犬

罗威纳犬又名“罗特威尔屠夫犬”，因为它们曾被用来看护牲畜以及拉运满载肉制品等的货车前往集市。

描述：它们体形中等，身体矫健而魁梧。脑袋宽阔，额头略圆，口鼻部也非常发达。

性情：它们智商极高，同时冷静、有力量、有勇气，对主人及其家人有强烈的保护欲。

有趣的事实

罗威纳犬曾被屠夫用来拉运屠宰好的肉食等商品前往集市。

统计

来源地：德国。
身高：60~80 厘米。
体重：43~59 千克。
寿命：10~12 年（70~84 犬龄）。
历史：这是一个古老的品种，它们的存在可以追溯到罗马时代。
用途：用于放牧和护卫家畜。
毛色：黑色和棕褐色或黑色和红褐色。
每窝产崽数：10~12 只幼犬。

圣伯纳德犬

圣伯纳德犬由僧侣培育，它们是古代藏獒和大丹犬、大瑞士山地犬和比利牛斯山地犬的杂交品种。

描述：这是一种体形巨大、肌肉发达的犬，有着大而有力的脑袋。口鼻部较短，牙齿呈剪状咬合。

性情：它们温和、友善的性情使它们成为犬中“绅士”，哪怕在不听话的孩子面前依然能保持耐心。圣伯纳德犬是出色的看护犬，其庞大的身躯对不速之客极具震慑力。

统计

来源地：意大利、瑞士。
身高：63~71 厘米。
体重：49~91 千克。
寿命：8~10 年（56~70 犬龄）。
历史：圣伯纳德犬是公元 980 年在圣伯纳德修道院由僧侣培育成功的。
用途：因其出色的救援能力而蜚声世界。
毛色：白色配深棕色、红色、红褐色斑点、杂色条纹、黑色，有多种毛色组合。
每窝产崽数：6~8 只幼犬。

有趣的事实

公元 980 年，圣伯纳德犬在圣伯纳德修道院培育成功。

标准雪纳瑞犬

源自德国，是最古老的三种雪纳瑞犬品种之一。曾被用作捕捉有害小动物的猎犬、牲畜护卫犬和寻回犬。

描述：它们身材中等，体形四方，头部呈狭长的长方形。有一个大大的鼻子，黑色的嘴和椭圆形的棕色眼睛。

性情：它们热情、灵敏、智商高且爱玩，是一种需要陪伴的犬，很适合作为旅行伴侣。

有趣的事实

欧洲许多著名画家，包括荷兰的伦勃朗、德国的丢勒等，都曾在画作中描绘过雪纳瑞犬。

统计

来源地：德国。
身高：45~50 厘米。
体重：13~20 千克。
寿命：13~15 年（91~105 犬龄）。
历史：最古老的三种雪纳瑞品种之一，源自德国。
用途：放牧犬、护卫犬。
毛色：纯黑或纯灰。
每窝产崽数：4~8 只幼犬。

有趣的事实

研究者认为，藏獒可能是所有獒犬种的始祖。

藏獒

历史悠久的藏獒也被叫作“番狗”。这一品种的源头可追溯到中亚地区的游牧民族。

描述：这是一种适合栖息于野外宽广天地的大型犬。藏獒有着厚实的双层被毛，通常体重很重。

性情：它们勇猛坚毅，面对猎豹等体形更大的敌人也不会退缩。高智商的藏獒是人类忠诚的伙伴。

统计

来源地：中国西藏。
身高：63~71 厘米。
体重：63~77 千克。
寿命：14~15 年（98~105 犬龄）。
历史：藏獒源自生活在西藏地区的犬类，它们被认为是獒犬的始祖。
用途：护卫犬。
毛色：黑色、棕色、蓝灰色、纯白，有时带有深棕色斑纹或深浅不一的金色。
每窝产崽数：5~12 只幼犬。

德国宾莎犬

这一品种被认为是迷你宾莎犬和杜宾犬的祖先。

描述：它们体形中等，脑袋小巧圆润，脖子修长显得仪表优雅，四肢纤细。被毛短而富有光泽。

性情：它们非常具有攻击性，只有能够训练并驯化它们的狂野本性，才能成为它们的主人。

统计

来源地：德国。
身高：43~50 厘米。
体重：11~16 千克。
寿命：12~14 年（84~98 犬龄）。
历史：一般认为该品种 15 世纪发源于德国。
用途：被用作马车的护卫犬。
毛色：黑色和铁锈红、红色、浅褐色、蓝色和深棕色。
每窝产崽数：2~4 只幼犬。

有趣的事实

1879 年，德国宾莎雪纳瑞俱乐部促成了该品种在德国获得官方认证。

有趣的事实

由于外貌酷似古希腊在公元前 360 年左右使用的硬币上的大狗肖像，大丹犬也被称为“狗中阿波罗”。

大丹犬

大丹犬名列全球最古老犬种之一，它们的祖先是爱尔兰猎狼犬和英国獒，也可能含灵缇血统。

描述：它们强壮有力，躯干呈四方形，脑袋是狭长的长方形。

性情：它们有“温柔的巨人”的美称。它们富有魅力，亲人又爱玩耍，是孩子们的好伙伴，适合被作为家养宠物。

统计

来源地：丹麦、德国。
身高：76~86 厘米。
体重：54~90 千克。
寿命：12~13 年（84~91 犬龄）。
历史：世界上最古老的犬种之一。关于它们的起源，有一种理论称大丹犬是英国獒和爱尔兰猎狼犬杂交的产物。
用途：猎犬、护卫犬。
毛色：棕色带条纹、浅褐色、黑色、蓝色、土褐色、蓝灰底带黑色斑点。
每窝产崽数：6~8 只幼犬。

葡萄牙水犬

葡萄牙水犬在葡语中是“Cao de Agua”，意为“可下水的犬”。

描述：它们体形中等，肌肉发达。脑袋宽阔且呈拱形。鼻子为黑色，形态较宽。眼睛中等大小，圆形，黑色。

性情：它们活跃，爱玩闹，总是扮演活跃气氛的角色，在人们眼中是“笑星”般的存在。它们忠诚而富有情感，且总能与包括孩子在内的全家人相处愉快。

有趣的事实

葡萄牙水犬曾被用来在船只之间和船只与陆地之间传递消息。

统计

来源地：葡萄牙。
身高：50~56 厘米。
体重：19~25 千克。
寿命：10~14 年（70~98 犬龄）。
历史：土生土长的葡萄牙犬，一直作为工作犬生活在伊比利亚半岛上。
用途：葡萄牙渔民把它们用作多功能工作犬。
毛色：黑色、白色、棕色、杂色，个别犬会有黑色或棕色的底色配斑纹。
每窝产崽数：5~7 只幼犬。

品种表

畜牧犬

狩猎犬

非运动犬

运动犬

㹴犬